Der Eisenbeton-Schiffbau

Von

M. Rüdiger
Ingenieur

Mit 140 Textabbildungen

Berlin
Verlag von Julius Springer
1919

ISBN-13: 978-3-642-90323-6 e-ISBN-13: 978-3-642-92180-3
DOI: 10.1007/ 978-3-642-92180-3

Vorwort.

Die nachstehende Abhandlung über Eisenbetonschiffbau hat den Zweck, den Leser mit der neuen Bauweise, insbesondere mit der des Verfassers, bekannt zu machen. Wenn die langjährigen Erfahrungen desselben benutzt werden, können große Fehlschläge vermieden werden.

Die Versuche im Eisenbetonschiffbau sind stets mit großen Kosten verbunden und werden die ersten Fahrzeuge, wenn keine Erfahrungen vorhanden sind, immer mehr oder weniger große Fehler besitzen.

Der Eisenbetonschiffbau befindet sich noch immer in der Entwicklung und es können auf diesem Gebiete noch viele Verbesserungen gemacht werden. Bei den ersten Schiffen wird man noch nicht das gewünschte geringe Eigengewicht des Schiffskörpers und des Betons erzielen. Jedoch nach einigen Ausführungen wird man dies leicht erreichen.

Auch das Streben nach einem leichten Schiffbaubeton ist noch nicht beendigt, zumal es nicht ausgeschlossen erscheint, daß außer den vom Verfasser genannten Stoffen noch andere, leichtere Materialien gefunden werden können.

Zu nachstehender Abhandlung sind dem Verfasser von den Geschäftsführern der Eisenbeton-Schiffbau G. m. b. H. Unterlagen von Ausführungen bereitwilligst überlassen worden.

Insbesondere hat der Schiffbau-Ingenieur Hermann Lucke zu Hamburg verdienstvoll mitgewirkt.

Hamburg, im April 1919.

M. Rüdiger.

Inhaltsverzeichnis.

Seite

I. Einführung in den Eisenbetonbau 1

1. Allgemeines. — 2. Druckfestigkeit des Betons. — 3. Zugfestigkeit des Betons. — 4. Zulässige Spannung des Betons auf Druck. — 5. Grundgedanken des Eisenbetonbaues. — 6. Haftfestigkeit . . . 1
7. Eigenschaften des Eisenbetons. — 8. Haftfestigkeit 2
9. Scherfestigkeit 2
10. Zulässige Spannungen des Eisens. — 11. Elastizitätsmaß. — 12. Die Lage der Nullinie. — 13. Grundformen des Eisenbetonbaues . . . 3
14. Die Lage der Eisen und die Aufbiegungen derselben 4
15. Wärmespannungen und Dehnungsfugen 5
16. Literatur und amtliche Bestimmungen 5

II. Der Eisenbetonschiffbau 5

1. Einführung in den Eisenbetonschiffbau 5
2. Allgemeines. — 3. Betrachtung verschiedener Konstruktionen . . 6
4. Das Eigengewicht des Schiffskörpers 7
5. Geschichtliches und ältere Bauausführungen 9
6. Vorzüge des Eisenbetonschiffbaues 11
7. Der Leichtbeton 14
8. Die Festigkeit des Leichtbetons 16
9. Allgemeine Betrachtungen 17
10. Reparaturen von Schiffskörpern aus Eisenbeton 17
11. Die Eiseneinlagen im Eisenbetonschiffbau. — 12. Kreuzweise Armierung von Platten und Balken, Kreuzeisen und Gitterwerksbügel 18
13. Erforderlicher Prozentsatz der Armierung. Einfluß der Konstruktion der Armierung auf die Elastizität des Schiffes 20
14. Aufnahme von Stoßkräften und Einzellasten bei Grundberührung . 21
15. Das Querspantensystem 21
16. Das Längsspantensystem 22
17. Schottenteilung, Längs- und Querschotten 22
18. Der Bauvorgang. — 19. Helgenanlage, Stapellauf, Längshelgen . . 23
20. Der Unterbau von Eisenbetonschiffen 24
21. Das Absenken von Schiffen vor dem Stapellauf 25
22. Der Bau im Trockendock 25
23. Ausführungsmöglichkeiten von Schwimmkörpern 26

III. Der Schiffbau in bezug auf den Eisenbetonschiffbau 27

1. Allgemeines 27
2. Handelsschiffstypen und andere Schiffsarten 28
3. Erklärung der wesentlichsten Fachausdrücke 29
4. Erklärung der Klassenzeichen und sonstigen Zeichen 33
5. Anordnung von Schiffsverbänden 35
6. Der Kiel. Mittelkielschwein und Seitenkielschwein 36
7. Der Vordersteven 37
8. Der Hintersteven. — 9. Das Ruder 38
10. Die Steuereinrichtung 39
11. Querspanten, Längsspanten und Rahmenspanten 40
12. Bodenwrangen 41
13. Doppelboden oder Bauchdielen 42

Seite

14. Das Kielschwein. Kimm- und Seitenkielschweine 43
15. Kimm- und Schlingerkiel 43
16. Decks- und Raumbalken; Unterzüge und Stützen 44
17. Decksstringer, Raumstringer, Kimm- und Seitenstringer 44
18. Lukensüll und Lukenabdeckung 45
19. Die Außenhaut und die Eiseneinlagen derselben 46
20. Aufgebogene Eisen in den Wandplatten zur Unterstutzung der Scherkräfte 47
21. Das Schanzkleid und die Wallschiene 48
22. Das Hinterschiff 49
23. Befestigung des Stevenrohres und Schraubenwellendichtung 50
24. Wellentunnel. — 25. Wasserdichte Schotten und Rahmenspanten . 51
26. Verschiedenes 52

IV. Theoretischer Schiffbau 53
1. Zeichnerische Darstellung des Schiffskörpers 53
2. Hauptabmessungen des Schiffes 56
3. Entwurfsberechnung und Zusammenstellung der Gewichte. 57
4. Einige Werte von „p“ und „δ“ 57
5. Geschwindigkeitsberechnung, erforderliche PS und Widerstand der Schiffe 66
6. Kohlen- und Rohölverbrauch 67
7. Festigkeit von Schiffen 68
8. Vergleichende Berechnung zwischen Eisen- und Eisenbetonschiffen . 70

V. Ausfuhrung, Konstruktion und Berechnung von ausgeführten Schwimmkörpern 73
a) Pontons 73
b) Schwimmdocks 77
c) Schuten von 80—100 t Tragfähigkeit 79
d) Leichter von 250/300 t Tragfahigkeit 82
e) Motorfrachtschiff von 70 t Tragfähigkeit 88
f) Motorboot von 8 m Länge, 1,90 m Breite 92
g) Arbeitsboot 94
h) Fischkutter mit Dampfmaschine 96
i) Fischdampfer von 35 m Länge 101
k) Fischkutter mit Hilfsmotor 103
l) Donauschleppkahn 700 t Tragfahigkeit 103
m) Segelschiff von 500 t Tragfahigkeit 110
n) Ölprahm von 200 t Tragfahigkeit 111
o) Klapp- und Baggerschute 113

VI. Einzelkonstruktionen im Eisenbetonschiffbau. 114
1. Befestigung des Ruders. — 2. Befestigung der Poller. — 3. Befestigung der Klampen. — 4. Befestigung der Wallschiene 114
5. Befestigung des Vorderstevens. — 6. Konstruktion des Schleppzeuges. — 7. Deckel, Mannlöcher und Rohrbefestigung. — 8. Befestigung der Winden. 115
9. Befestigung der Masten. — 10. Lagerung von Maschinen 116

VII. Leitsätze uber Eisenbetonschiffbau. Vorschlage vom Verfasser. 117
a) Allgemeines 117
b) Konstruktion, Abmessungen. — c) Eiseneinlagen in den Platten . 118
d) Abmessungen der Spanten 119
e) Belastungsannahme in der statischen Berechnung 120

I. Einführung in den Eisenbetonbau.

1. Allgemeines. Beton ist eine zu Stein erhärtete Masse, welche aus verschiedenen Füllmaterialien, meistens Sand und Kies mit Portlandzement als Bindemittel, besteht. Der Beton hat die ersten Tage eine geringe Festigkeit, wird jedoch mit der Zeit immer fester.

2. Druckfestigkeit des Betons. Bei einer Mischung von 1 Teil Zement und 4 Teilen Kiessand kann man nach 28 Tagen eine Druckfestigkeit von 160 bis 200 kg/cm² leicht erreichen. Diese Festigkeit nimmt jedoch mit dem Alter des Betons stetig zu. Selbst nach Jahren ist noch eine, wenn auch nur geringe Zunahme der Festigkeit zu beobachten.

3. Zugfestigkeit des Betons. Die Zugfestigkeit des Betons beträgt im Mittel 12 bis 15 kg/cm² oder ca. $^1/_{10}$ der Druckfestigkeit. Je nach Alter und Mischung kann jedoch eine Zugfestigkeit bis zu 30 kg/cm² erreicht werden. Die Zugfestigkeit des Betons wird in der Rechnung meistens vernachlässigt, und dem Eisen wird die alleinige Aufnahme der Zugkräfte zugewiesen.

4. Zulässige Spannung des Betons auf Druck. Als zulässige Beanspruchung des Betons auf Druck wird meistens 40 kg/cm² festgesetzt. Man erkennt daraus, daß der Beton eine große Druckfestigkeit hat, jedoch eine verhältnismäßig geringe Zugfestigkeit besitzt.

Wird demnach ein gewöhnlicher Betonkörper auf Biegung beansprucht, so wird der Bruch des Körpers sehr bald durch Überschreiten der Zugfestigkeit des Betons eintreten.

5. Grundgedanken des Eisenbetonbaues. Um nun eine größere Bruchfestigkeit des Betonkörpers bei Beanspruchung auf Biegung zu erhalten, legt man in die Zugzone dünne Eiseneinlagen, zu denen meistens Rundeisen verwendet werden (Moniereisen).

6. Haftfestigkeit. Wenn man einen Eisenstab in den Beton hineinsteckt, denselben mit einstampft oder in den Beton eingießt, so haftet der erhärtete Beton so fest an dem Eisenstab, daß man nach Erhärten des Betons denselben nicht mehr aus dem Beton herausziehen kann. Diesem Grundgedanken folgend, legt man in den Betonkörper Eisenstäbe von rundem oder eckigem Querschnitt derartig hinein, daß diese durch Wahl und Anordnung zur Aufnahme der Zugkräfte und auch zur teilweisen Aufnahme vorhandener Scher- und Schubspannungen genötigt werden, während dem Beton in der Regel die alleinige Aufnahme der Druckkräfte zugewiesen wird.

7. Eigenschaften des Eisenbetons. Drei Eigenschaften der beiden so grundverschiedenen Baustoffe sind es, die das einheitliche Zusammenwirken zustande bringen:

1. Der Beton haftet fest am Eisen.
2. Ihre Ausdehnungskoeffizienten sind nahezu gleich groß.
3. Eine Rostbildung am Eisen ist ausgeschlossen.

8. Haftfestigkeit. Die Größe der Haftfestigkeit ist weniger von der Form des Eisens oder von der Beschaffenheit der Oberfläche abhängig, sondern mehr von der Größe der Haftfläche. Sie hängt ferner von der Güte des Betons ab. Eine große Haftfläche wird durch zahlreiche dünne Eiseneinlagen erzielt. Die Haftfestigkeit beträgt im Mittel ca. 22,50 kg/cm². Die zulässige Haftfestigkeit beträgt nach den amtlichen Bestimmungen 4,5 kg/cm². Je nach Alter und Mischung kann die Haftfestigkeit 30 bis 50 kg/cm² erreichen. Es wird im allgemeinen mit 5facher Sicherheit gerechnet.

Wir erkennen hieraus, daß die Haftfestigkeit die Haupteigenschaft des Betons ist, ohne die jede Eisenbetonkonstruktion unmöglich wäre. Steckt man z. B. einen Rundeisenstab von 6 mm Durchmesser ca. 30 cm in Beton hinein, so kann man denselben nicht mehr aus dem Beton herausziehen, weil die Haftfestigkeit größer ist als die Zugfestigkeit des Eisenstabes. Der Stab würde also abreißen. Beweis:

a) Zugfestigkeit: 6 mm $\varnothing = 0{,}28 \cdot 3500 = \backsim 1000$ kg.

b) Haftfestigkeit: 6 mm $\varnothing = 0{,}6 \cdot 3{,}14 \cdot 30 \cdot 22{,}5 = 1275$ kg.

Man hat, um die Haftfestigkeit zu erhöhen, den Eiseneinlagen verschiedene Formen gegeben, in der Praxis ist man jedoch bald davon abgekommen, weil dies unnötig ist und für derartige Eiseneinlagen ein höherer Preis gefordert wird.

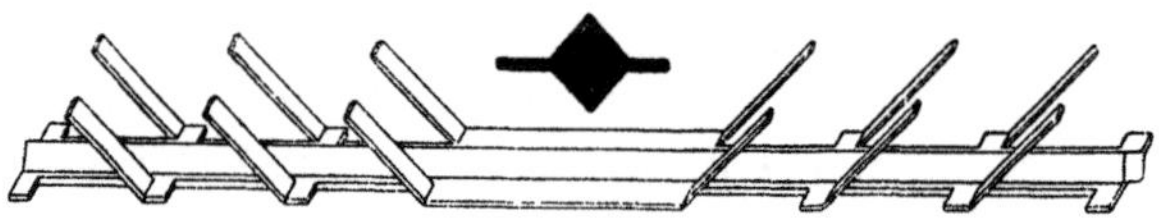

Abb. 1. Kahneisen.

Für den Schiffbau werden auch sogenannte Kahneisen verwendet, weil diese gleichzeitig zur Aufnahme der Scherkräfte benutzt werden können. Es ist im allgemeinen üblich, jedes Rundeisen an dem Ende mit einem Haken zu versehen.

9. Scherfestigkeit. Die Scherfestigkeit des Betons beträgt im Mittel 22 bis 25 kg/cm². Bei 3 bis 5facher Sicherheit wird die zulässige Beanspruchung mit 4,5 kg/cm² bzw. 7,5 kg/cm² festgestellt. Je nach Alter und Mischung des Betons kann die Scherfestigkeit 36 kg/cm² bis 65 kg/cm² erreichen.

10. Zulässige Spannungen des Eisens. Die zulässigen Spannungen des Eisens werden meistens mit 1200 kg/cm² angenommen.

Als Eiseneinlagen werden in der Regel Rundeisen aus Flußeisen (Walzeisen) verwendet. Für den Längsverband des Schiffes könnte man eventuell auch Rundeiseneinlagen aus Stahleisen verwenden. (Unter Stahleisen ist hier gezogenes Qualitätseisen mit größerer Zugfestigkeit zu verstehen.) Flußeisen hat eine Zugfestigkeit von 3800 kg/cm² bis 4800 kg/cm². Die Fließgrenze des Eisens befindet sich zwischen 2400 kg/cm² und 3200 kg/cm². Der Elastizitätsmodul des Eisens beträgt 2 100 000 kg/cm². Die Verwendung von starkem Profileisen soll man bei dünnwandigen Schiffskonstruktionen unbedingt vermeiden, da diese mit dem Beton nicht so zusammen arbeiten, wie man es in der Rechnung annimmt.

11. Elastizitätsmaß. Der Elastizitätsmodul des Betons ist durch die amtlichen Bestimmungen mit

$$n = \frac{E_e}{E_b} = 15$$

festgesetzt. Hieraus ergibt sich, daß

$$E_b = \frac{2\,100\,000}{15} = 140\,000 \text{ kg/cm}^2$$

groß sein soll. Versuche haben ergeben, daß dieser Wert zu gering angenommen ist. E_b wurde durch Versuche, Mischung 1 : 3, mit 200 000 kg/cm² bis 300 000 kg/cm² festgestellt.

12. Lage der Nullinie. Die Nullinie liegt infolge verschiedener Elastizitäten der beiden Baustoffe, Beton und Eisen, nicht in der Mitte des rechteckigen Körpers, sondern in ca. $^1/_3$ der Höhe. Wenn nun z. B. die Momente in einem auf Biegung beanspruchten Körper wechseln, so verändert sich auch die Lage der Nullinie, indem dieselbe bei positiven Momenten etwa im oberen Drittel, und bei negativen Momenten zirka im unteren Drittel zu liegen kommt. Im spannungslosen Querschnitt, d. h. in den Nullpunkten (Wendepunkten), wird die Nullinie in der Mitte liegen. Hieraus ergibt sich, daß die Nullinie in Form einer Kurve wandert.

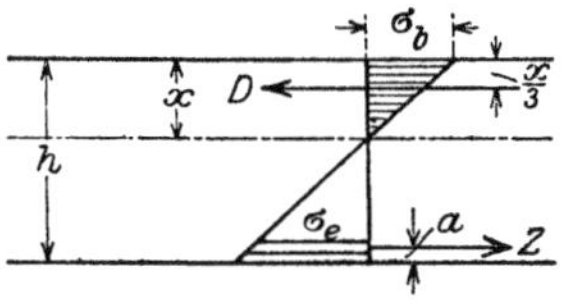

Abb. 2. Darstellung der Spannung in der Platte.

13. Grundformen des Eisenbetonbaues. Die Grundformen des Eisenbetonbaues sind:

1. Die Platte.
2. Der Balken.
3. Der Plattenbalken.
4. Die Stütze.

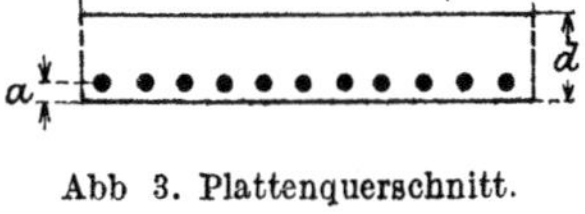

Abb 3. Plattenquerschnitt.

1. **Die Platte** erhält meistens sehr dünne, dicht nebeneinanderliegende Eiseneinlagen, welche über der Stütze und an den Enden größtenteils aufgebogen werden. Die Balken werden meistens so dicht gelegt, daß die Platte nicht stärker als 6 bis 8 cm zu sein braucht.

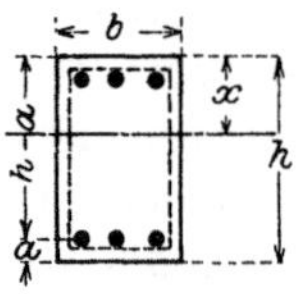

Abb. 4. Balkenquerschnitt.

Bei Rippenplatten werden die Platten oft nur 3 bis 5 cm stark. Der Abstand „a" von der Unterkante der Platte bis Mitte eines Eisens wird meistens mit 5 bis 10 mm ausschließlich der halben Stärke der Eiseneinlagen angenommen.

2. **Der Balken** erhält in der Zugzone mehrere nicht zu schwache Eiseneinlagen. Am Ende und über den Stützen wird ein Teil der Eiseneinlagen unter 45 Grad aufgebogen.

3. **Der Plattenbalken** ist ein Balken, welcher oben (oder unten) mit einer Platte derart verbunden ist, daß dieselben statisch zusammen arbeiten. Der Plattenbalken kann sehr bedeutende Kräfte aufnehmen, weil der Druckgurt durch die Platte sehr groß geworden ist. Der Plattenbalken trägt genau so viel als eine Platte von der Breite „b" und der Höhe „h", weil die fehlenden Betonteile in der Zugzone liegen und sowieso nicht in die Berechnung mit eingezogen werden. Hieraus ergeben sich ganz bedeutende wirtschaftliche Vorteile.

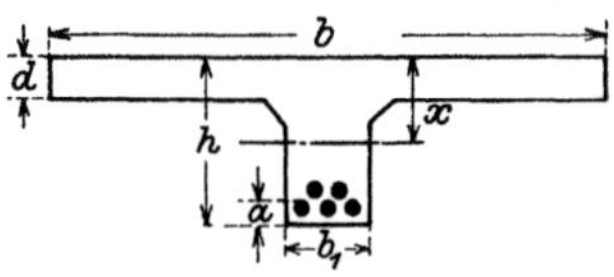

Abb. 5. Plattenbalkenquerschnitt.

4. **Die Stütze** erhält zunächst in jeder Ecke ein Rundeisen. Wenn dieses nicht ausreicht, stellt man noch auf jeder Seite eins oder zwei dazwischen. Diese Rundeisen werden durch Bügel gehalten. Eine sehr geringe Bügelentfernung vergrößert die Bruchfestigkeit der Stütze ganz bedeutend. Die Stützen erhalten nicht weniger als 0,8% und nicht mehr als 2% senkrechte Eiseneinlagen. Die Stützen können jedoch auch eine andere Form, z. B. eine 6eckige erhalten.

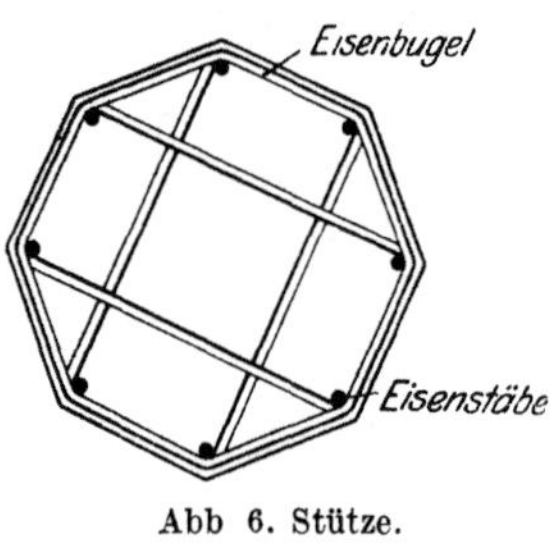

Abb 6. Stütze.

14. Die Lage der Eisen und die Aufbiegungen derselben. Die Eiseneinlagen im Beton müssen immer möglichst nach außen in der Zugzone liegen. Eiseneinlagen, welche in die Mitte des Betonkörpers zu liegen kommen, bleiben spannungslos und haben demzufolge keinen Zweck. Bei Platten soll die Umhüllung des Eisens mit Beton mindestens $^1/_2$ cm (meistens 1 cm), bei Balken mindestens 1 cm (meistens 2 cm) betragen.

Am Auflager werden zum Teil die Eiseneinlagen unter 45 Grad aufgebogen, und zwar nicht alle aufgebogenen Eisen auf einer Stelle, sondern auf zwei oder mehreren Stellen. Diese aufgebogenen Eiseneinlagen dienen zur Vermeidung von Scherrissen.

Bei wechselnden Momenten biegt man die Eisen vor und hinter dem Wendepunkt unter 45 Grad auf. Im Hochbau ist es allgemein üblich, Bügel in die Balken einzulegen. Diese Bügel bestehen aus 5 mm bis 6 mm Rundeisen und werden nach dem Auflager zu ca. 10 bis 15 cm, nach der Mitte zu ca. 30 bis 50 cm auseinandergelegt.

15. Wärmespannungen. Die Koeffizienten für Temperaturausdehnungen sind nahezu gleich groß. Auf 1 ° C ist dieser

für Stabeisen 0,00001235
„ Beton 0,00001370.

Temperaturveränderungen werden demnach keinen schädlichen Einfluß auf die Eisenbetonkonstruktion haben. Eisenbeton hat sich auch als feuersichere Konstruktion bewiesen.

16. Literatur und amtliche Bestimmungen.

a) Hütte, Ing. Taschenbuch, III. Band, 4. Abschnitt.
b) Kersten, Eisenbetonbau. Verlag Wilhelm Ernst & Sohn, Berlin.
c) Handbuch des Eisenbetonbaues. Verlag Wilhelm Ernst & Sohn, Berlin.
d) Betonkalender. Verlag Wilhelm Ernst & Sohn, Berlin.
e) Beton und Eisen, Zeitschrift. Verlag Wilhelm Ernst & Sohn, Berlin.
f) Armierter Beton, Zeitschrift. Verlag Julius Springer, Berlin.
g) Forschungsarbeiten im Eisenbetonbau. Verlag Wilhelm Ernst & Sohn.
h) Taschenbuch für Bauingenieure. Verlag Julius Springer, Berlin.
i) Amtliche Bestimmungen vom Ministerium des Innern über Eisenbetonhochbauten vom 24. Mai 1907 nebst Nachträgen.
k) Bestimmungen des Architekten- und Ingenieurvereins über Eisenbetonhochbauten.

II. Der Eisenbetonschiffbau.

1. Einführung in den Eisenbetonschiffbau. Nachdem sich der Eisenbetonbau durch seine großen technischen und wirtschaftlichen Vorzüge im Hoch- und Tiefbau allgemein eingeführt hat, wird nun besonders in den letzten Jahren der Eisenbetonbau auch im Schiffbau angewandt. Derselbe hat infolge des großen Mangels an Stahl und Eisen für Schiffbauzwecke in letzter Zeit mehr und mehr Verwendung gefunden. Da in der gegenwärtigen Zeit bei dem Bau von stählernen Schiffen die Beschaffung des Materials sehr schwierig ist und auch nach dem Kriege das Schiffsbaumaterial für eiserne Schiffe sehr hoch im Preise stehen, sowie eine große Nachfrage nach Schiffsraum vorhanden sein wird, so wird der Eisenbetonschiffbau um so mehr Verwendung finden, zumal dieser als ein vollwertiger Ersatz für den Eisenschiffbau angesehen werden kann. Die Frage des Eisenbetonschiffbaues ist sowohl vom wirtschaftlichen als auch vom technischen Standpunkte mehrfach erörtert worden. Ausschlaggebend waren dabei der fast täglich steigende

Preis des Schiffbaueisens, die Knappheit dieses Materials, das für Kriegszwecke voll in Anspruch genommen worden ist, und seine wirtschaftlichen und technischen Vorteile.

2. Allgemeines. Das Material für den Eisenbetonschiffbau ist auch während des Krieges erhältlich; außerdem können diese Arbeiten meistens durch ungelernte Arbeiter hergestellt werden. Jedenfalls können im Eisenbetonschiffbau Arbeiter verwendet werden, welche sonst im Eisenschiffbau nicht zu gebrauchen sind.

Es sind nun von verschiedenen Seiten Schiffe aus Eisenbeton hergestellt worden. Zunächst wurden Schiffe aus gewöhnlichem Kiesbeton mit weit voneinanderliegenden Balken gebaut, ähnlich wie im Hochbau Eisenbetondecken hergestellt werden. Diese Konstruktion ist jedoch gegen Stöße sehr empfindlich und deshalb nicht zu empfehlen. Außerdem wurden diese Schiffe ca. 80 bis 100% schwerer als eiserne Schiffe. Um das Eigengewicht herabzusetzen, hat man zu allen möglichen Mitteln gegriffen.

3. Betrachtung verschiedener Konstruktionen. Gabellini in Italien hat beispielsweise die Spanten vorher wagerecht fertiggestellt, diese in ca. 2 bis 3 m Entfernung aufgestellt und dann mit ca. 3 cm starken beiderseitigen Zementrabitzwänden versehen. Diese Konstruktion ist für den Längsverband sehr nachteilig, auch können Stoßkräfte nicht aufgenommen werden. Gabellini hat darum eine gitterförmige Wallschiene angeordnet. Nicht zu empfehlen ist es, unter der Wasserlinie unzugängliche Hohlräume zu schaffen. Durch ein später angemeldetes Patent (Gitterträger als Bodenwrangen und Spanten) sucht er diese Nachteile zu beseitigen. Hierbei ist jedoch ein neuer Nachteil entstanden, da die Gitterwerke aus Eisenbeton sich für den Schiffbau nicht eignen. Gitterwerke haben sich schon im Eisenschiffbau als ungeeignete Konstruktion herausgestellt. Gegen lokale Kräfte und Stöße sind sie nicht geeignet. Das Bestreben, möglichst wenig Schalung zu verwenden, hat Gabellini auch zu verwirklichen gesucht.

Durch Versuche ist bewiesen, daß der Gußbeton für den Schiffbau am geeignetsten ist, weil der Schiffskörper eine größere Festigkeit erhält. Vor allem ist zu vermeiden, den Schiffskörper aus Stücken zusammenzusetzen, weil der Verband sehr leidet. Erhält der Schiffskörper einen Stoß, so zeigen sich an diesen schwachen Stellen sofort Risse.

Um das Eigengewicht zu verringern, hat man versucht, in der Außenhaut Hohlräume zu erzeugen, und zwar durch Blechrohre. Ferner hat man Korkeinlagen zur Verringerung des Eigengewichts angewandt. Hierzu ist zu bemerken, daß die Wände von den Scherspannungen so in Anspruch genommen sind, daß solche Schwächungen ohne Nachteile nicht möglich sind.

Wegen der großen Beanspruchung, welche ein Schiffskörper durch

Stöße oder bei Grundberührung auszuhalten hat, erscheint es ratsam, möglichst kleine Plattenfelder anzuordnen, d. h. eine möglichst dichte Spantenteilung zu wählen. Außerdem empfiehlt es sich, die dicht nebeneinanderliegenden Spanten und Bodenwrangen durch Längsspanten und Bodenlängsbalken (Kielschweine) öfters zu versteifen, um eine Verteilung der Stoßkräfte zu erzielen.

Es genügt jedoch nicht allein die Anordnung eines derartigen Systems, sondern es müssen die Eiseneinlagen auch dementsprechend gewählt werden, um einem gegenseitigen Zusammenarbeiten Gewähr zu leisten.

Hieraus hat sich ergeben, daß ein gemischtes Längs- und Querspantensystem für den Eisenbetonschiffbau am besten geeignet ist. Dies wurde auch durch Versuche und an mehreren ausgeführten Schiffskörpern praktisch bewiesen. Die Spantenentfernung muß bei kleinen Schiffen im Verhältnis kleiner sein als bei großen Schiffen. Doch soll, wie Versuche bewiesen haben, die Spantenentfernung höchstens ca. 50 cm betragen. Im allgemeinen kann man hier die Erfahrungen des Eisenschiffbaues benutzen und die Spantenentfernung nicht größer wählen als bei den entsprechenden eisernen Schiffen. Um ein möglichst geringes Eigengewicht zu erhalten, soll man die Spanten und Bodenrippen möglichst schmal und sehr hoch gestalten; denn hierdurch erzielt man ein großes Widerstandsmoment.

Im Eisenbetonhochbau hat man bisher die Balken und Träger ca. 15 bis 20 cm breit hergestellt. Im Eisenbetonschiffbau werden die Rippen, Spanten usw. für Schiffe von mittlerer Größe ca. 5 bis 6 cm breit hergestellt. Bei dieser geringen Breite bedarf es einer besonderen Konstruktion, um die Eiseneinlagen unterzubringen. Auch für die Aufnahme des Längsverbandes muß oben an der Außenbordseite ein besonderer Balken angeordnet werden, welcher für die Aufnahme der Zugeisen und gleichzeitig auch als Verstärkung des Druckgurtes dient. Große Anhäufungen von Betonmassen soll man vermeiden, weil diese nicht elastisch genug sind. Aus diesem Grunde wird man die erwähnten Balken hohl, möglichst mit einer Umschnürung, ausbilden.

4. Das Eigengewicht des Schiffskörpers. Das Eigengewicht des Schiffes hat auf den Wert und die Wirtschaftlichkeit des Schiffes einen außerordentlich großen Einfluß. Jede Tonne, welche man am Eigengewicht spart, gewinnt man für die Tragfähigkeit des Schiffes. Wenn demnach ein Eisenbetonschiff ein größeres Eigengewicht besitzt als ein eisernes Schiff, so bedeutet dies für den Reeder einen Verlust an Tragfähigkeit. Man ist nun dazu übergegangen, diesen Verlust an Tragfähigkeit durch Vergrößerungen der Abmessungen auszugleichen. Dieses ist jedoch eine Täuschung; denn das Schiff muß bewegt werden, oder es wird durch eigene Kraft fortbewegt und braucht daher größere

Maschinenkraft. Auch kann der Laderaum des vergrößerten Schiffes nie voll ausgenutzt werden.

Bei stilliegenden Schiffskörpern kommt dies nicht so stark zum Ausdruck; doch entstehen hier, durch die wegen des größeren Eigengewichts bedingte Vergrößerung, höhere Baukosten. Bei Schwimmdocks z. B. muß der untere Schwimmkasten ganz bedeutend vergrößert werden, wenn das Eisenbetondock ca. 80 bis 100% mehr Eigengewicht hat als ein eisernes Dock. Man erkennt hieraus, daß auch da schon große Vorteile bei Verwendung eines leichteren Betons vorhanden sind.

Der gesamte Eisenbetonschiffbau kann auf die Dauer nur dann Verwendung finden, wenn das Ziel: „das gleiche Eigengewicht wie im Eisenschiffbau", erreicht wird. In einigen Fällen wird es wohl genügen, diesem Ziel möglichst nahe zu kommen. Die größten Anforderungen betreffs geringen Eigengewichts, also geringsten Tiefgangs, werden an Flußkähne für die Donau und andere Flüsse gestellt. Hier kommt noch hinzu, daß die Platten und Winkeleisen bei den eisernen Schiffen so geringe Abmessungen besitzen, daß man bei einer Nachrechnung auf sehr hohe Spannungen kommt. Die Abmessungen von den Stärken der Platten, Spanten und Träger usw. für diese eisernen Flußschiffe sind aus Erfahrungen entstanden. So hat man alle Dimensionen nach und nach so schwach hergestellt, daß gerade noch Risse vermieden werden. Selbstverständlich sind die Spannungen außerordentlich hoch.

Auch die Festlegung der Abmessungen von Platten, Spanten, Trägern usw. im Seeschiffbau ist durch Erfahrungen auf ähnliche Weise, wie vorher gesagt, erfolgt und durch den Germanischen Lloyd und andere zusammengestellt.

Man hat also, wenn sich Risse gezeigt haben, die entsprechenden Teile verstärkt, während man da, wo die Konstruktionsteile gehalten haben, dieselben bis zur gewissen Grenze geschwächt hat.

Nur einige große Schiffstypen wurden statisch berechnet (Literatur: „Festigkeit von Schiffen" von Felix Pietzker. Verlag E. S. Mittler, Berlin).

Im Eisenbetonschiffbau, wo bei jeder Größe und bei jeder Form von Schiffskörpern neu konstruiert werden muß, können die Abmessungen der Platten, Spanten, Bodenwrangen usw. nur durch die statische Berechnung festgelegt werden. Leider versagt die Literatur vom Eisenschiffbau vollständig, so daß man sich nicht die Berechnungen des Eisenschiffbaues zunutze machen kann.

Wie bekannt, wurden die ersten Schiffe aus Holz gebaut. Alsdann wurde diese Bauweise durch den Eisenschiffbau verdrängt. Das Eigengewicht der Holzschiffe ist nur bei kleinen Booten geringer als bei eisernen Schiffen. Bei kleinen Frachtschiffen ist das Eigengewicht etwa gleich groß. Für den Großschiffbau kann Holz nicht verwendet werden; auch würde das Eigengewicht bei Holzschiffen größer sein als bei eisernen Schiffen.

Ein weiterer Fortschritt für die Verringerung des Eigengewichts wurde durch die Verwendung des Schiffbaustahles (Qualitätseisen), Eisen von höherer Festigkeit, erzielt.

5. Geschichtliches und ältere Bauausführungen. Es soll zunächst eine kurze Entwicklung des Eisenbetonschiffbaues gegeben werden.

Die Bemühungen, den Eisenbetonbau auch im Schiffbau erfolgreich und wirtschaftlich verwenden zu können, sind schon seit vielen Jahren im Gange. Bereits im Jahre 1854 wurde in Frankreich ein kleiner Kahn aus Eisenbeton hergestellt und auf der Weltausstellung im gleichen Jahre gezeigt. Dieser Kahn, dessen Planken aus einer durch ein Eisennetz bewehrten Mörtelschicht bestanden, hat eine lange Dauerhaftigkeit bewiesen; denn es wird mitgeteilt, daß er noch im Jahre 1914 im Parke von Miraval auf einem See gelegen hat. -

In neueren Zeiten hat unter anderen die Amsterdamsche Fabrik von Cementijererwerken etliche Schiffe aus Eisenbeton hergestellt. Ferner wurden in Schweden und Norwegen, insbesondere von Ingenieur Fougner, mittlere und größere Schiffe aus Eisenbeton gebaut. Zu erwähnen ist hier ein Motorfrachtschiff von 300 t Tragfähigkeit; ferner ein Eisbrecher und ein kleines Schwimmdock. Auch sollen sich noch große Schiffe im Bau befinden. Von Ing. Alfsen wurden die Eisenbetonschiffe mit dem Boden nach oben gebaut. Durch besonders eingebaute Längs- und Querschotten wurde der Schiffskörper unsinkbar gemacht. Die seitlichen, durch die Längsschotten entstandenen Abteilungen wurden dazu benutzt, den Schiffskörper nach dem Stapellauf im Wasser umzudrehen. Für kleinere Schiffe und Boote kann diese Bauweise wohl verwendet werden, weil man diese Schiffskörper ohne besonders eingebaute Schotten umdrehen kann; für größere Schiffe aber hat die umgekehrte Bauweise, insbesondere beim Stapellauf, große Nachteile. Auch erzielt man durch die Bauweise keine Vorteile während des Baues. Es ist zwar von dieser Bauweise viel geschrieben und auch viel Reklame gemacht worden, doch heben die geringen Vorteile die großen Nachteile dieser umgekehrten Bauweise nicht auf. Um sich jedoch ein einwandfreies Urteil zu bilden, hat der Verfasser versuchsweise einen Schiffskörper umgekehrt gebaut. (Siehe Beschreibung von ausgeführten Bauten.)

Im Jahre 1896 begann G a b e l l i n i in Rom den Bau von Eisenbetonschiffen. Derselbe hat einige Prähme von ca. 200 t Tragfähigkeit und eine Anzahl anderer Schiffsbauten ausgeführt. Auch während des Krieges sind in Italien mehrfach Schiffe aus Eisenbeton gebaut worden. In der Zeitschrift Giornale del Genio Civile, Maggio 1916 wird eine Schiffsbrücke über den Po erwähnt, die aus einzelnen Eisenbetonpontons besteht. Obwohl diese Pontons dem Eisgang ausgesetzt waren und auch vielfach Zusammenstöße mit Kähnen erlitten, wird diese aus dem Jahre 1900 stammende Brücke als im besten Zustand befindlich geschildert, so daß man dazu überging, viele hölzerne Pontons in den Provinzen durch solche aus Eisenbeton zu ersetzen.

Im Jahre 1910 wurde in England zuerst ein Prahm aus Eisenbeton für Baggerzwecke auf der Themse gebaut.

In Amerika baute Daniel B. Banks im Jahre 1892 einen Schoner von 19,50 m Länge, 4,90 m Breite und 4,30 m Tiefe. In neuester Zeit baute die First Coniret Scow Construction Co. in Baltimore eine Schute von 34,50 m Länge und 9,80 m Breite mit zehn wasserdichten Abteilungen und mit Wanddicken von 7,5 bis 12,5 cm [1]).

In Deutschland erbaute die Firma Grastorf im Jahre 1908 einen Eisenbetonprahm von 14 m Länge, 3,60 m Breite und einer Höhe von 1,10 m mit einer Wanddicke von 4 cm.

Nach dem Entwurf von Robert Nast wurde 1909 ein Lastschiff aus Eisenbeton von 200 t Ladefähigkeit von der Allgemeinen Verbundbaugesellschaft m. b. H. in Frankfurt a. Main gebaut. Die Länge betrug 42 m und die Breite 6,30 m.

Die Pommersche Zementfabrik „Meteor“ in Stolp erbaute 1909 einen kleinen Kahn.

Züblin baute ein Motorfrachtschiff von ca. 80 t Tragfähigkeit.

In Norwegen baute die Fougner-Staal-Betong Skibsbyggnings-Kompani in Moos bei Christiania Eisenbetonschiffe von 100 bis 300 t Tragfähigkeit und hat, wie aus den vielen Veröffentlichungen zu ersehen ist, noch mehrere größere Schiffe im Bau.

In Schweden befaßt sich die Skanska Cementgjuteriet in Stockholm mit dem Bau von Eisenbetonschiffen.

Auch in den Forschungsarbeiten von Ingenieur W. Stroß, „Schwimmkörper aus Eisenbeton“ wird eine Schute von 150 t Tragfähigkeit beschrieben. Hier findet man genauere Gewichtsberechnungen und die statische Berechnung des Schiffskörpers behandelt.

In allerletzter Zeit haben viele große Eisenbetonfirmen in Deutschland den Eisenbetonschiffbau aufgenommen.

In Amerika sind schon Schiffe von 7900 t Wasserverdrängung gebaut worden. Auch in England und Frankreich ist der Eisenbetonschiffbau im größeren Maßstab aufgenommen worden.

Bei allen diesen Ausführungen handelt es sich immer um Schiffe aus Kiesbeton mit Eiseneinlagen. Eine Ausnahme bilden die verschiedenen Ausführungen der Eisenbeton-Schiffbaugesellschaft in Hamburg

[1]) Neuere Ausführungen siehe „Der Bau von Schiffen aus Eisenbeton“ von A. A. Boon.

(siehe Bauausführungen), welche ihre Schiffskörper ohne Verwendung von Sand und Kies herstellt.

Literatur:
Beton und Eisen, Heft 10, Jahrgang 1917.
Handbuch für Eisenbetonbau, Band 3.
A. A. Boon: Der Bau von Schiffen aus Eisenbeton. Verlag von Wilhelm Ernst & Sohn, Berlin.
W. Stroß, Ing.: Schwimmkörper aus Eisenbeton. Verlag Wilhelm Ernst & Sohn, Berlin.
Die Zeitschrift: Der Schiffbau.
„ „ Hansa.
„ „ Das Schiff, und andere Zeitschriften.

6. Vorzüge des Eisenbetonschiffbaues:

1. Unbeschränkte Lebensdauer.
2. Absolute Wasserdichtheit.
3. Große Festigkeit.
4. Feuersicherheit.
5. Rostfreies Umschließen der Eiseneinlagen durch den Beton.
6. Geringfügige Unterhaltungskosten. Diese Schiffe brauchen nur selten gedockt werden.
7. Elastisches Verhalten gegen Stoß.
8. Große Tragfähigkeit bei geringem Eigengewicht[1]).
9. Bei Kollisionen schnell und billig zu reparieren.
10. Kurze Bauzeit.
11. Material leicht zu beschaffen.
12. Geringes Ansetzen von Muscheln und Pflanzen.
13. Geringe Reibung im Wasser.
14. Widerstandsfähigkeit gegen Seewasser.
15. Erheblich niedrigere Anschaffungskosten.
16. Geringe Abschreibungen wegen längerer Lebensdauer.

Ein weiterer Umstand kommt dieser Bauweise noch zunutze in der leichteren Arbeiterbeschaffung. Nach dem Kriege wird ein großes Angebot von Bauarbeitern bestehen, während Schiffbauer nur zu hohen Löhnen im beschränkten Maße vorhanden sein werden.

Ferner wird an Stahl und Eisen gespart, welches für andere Zwecke verwendet werden kann.

Zu 1. Die unbeschränkte Lebensdauer ergibt sich aus dem ganzen Wesen des Eisenbetons. Die Festigkeit des Betons nimmt mit der Zeit zu. Auch bleibt das Eisen im Beton vollkommen rostfrei.

Zu 2. Die absolute Wasserdichtheit muß durch die Zusammensetzung des Betons erzielt werden. Die Verwendung einer fetteren Mischung, nicht geringer als 1 : 4, ist demzufolge erforderlich. Zusätze von flüssigen Bitumen sind nicht zu empfehlen, weil geringe Mengen

[1]) Bei Verwendung von Leichtbeton.

zwecklos sind und größere Zusätze die Festigkeit des Betons stark beeinträchtigen. Das nachträgliche Aufbringen eines Verputzes ist nach Möglichkeit zu vermeiden. Ein Verputz verbindet sich nur dann gut mit dem Beton, wenn derselbe ganz frisch ist.

Zu 3. Die große Festigkeit der Eisenbetonschiffe wird durch die verwendeten größeren Widerstandsmomente der Platten, Spanten, Bodenwrangen usw. erzielt. Da der gesamte Schiffskörper sozusagen aus einem Guß hergestellt wird, können die einzelnen Konstruktionsteile bedeutend größere Momente aufnehmen als ein eisernes Schiff, welches aus Stücken besteht und immer schwache Stellen aufweist. Die verwendeten zahlreichen schwachen Eiseneinlagen sind so lang und versetzt verlegt und greifen außerdem übereinander, so daß von einem Stoß derselben nicht gesprochen werden kann.

Zu 4. Die verschiedenen Versuche, sogenannte Brandproben, haben bewiesen, daß Eisenbeton feuersicher ist. Der Beton umhüllt die Eiseneinlagen so, daß diese keiner zu hohen Temperatur ausgesetzt sind. Gegenüber einer Eisenkonstruktion, welche schon bei einem geringen Brand meistens vollständig zerstört wird, ist dies ein bedeutender Vorteil.

Zu 5. Das rostfreie Umschließen der Eiseneinlagen im Beton hat auf die Lebensdauer des Eisenbetonschiffes den größten Einfluß. Würden die Eiseneinlagen im Beton rosten, so würde die Haftfestigkeit bald nicht mehr vorhanden sein und der Schiffskörper würde auseinanderfallen.

Zu 6. Der Schiffskörper braucht nicht wie ein eiserner öfters abgekratzt und frisch gestrichen werden; denn der Anstrich eines Betonschiffes hat auf die Haltbarkeit keinen Einfluß und wird nur des Aussehens wegen angewandt. Die Betonschiffe werden meistens schwarz angestrichen, weil der Laie dann kein so großes Vorurteil besitzt.

Zu 7. Elastisches Verhalten gegen Stoß.

Um ein elastisches Verhalten gegen Stoß zu erzielen, ist es notwendig, daß man eine besondere Zusammensetzung des Betons verwendet. Dieser Beton muß eine größere Zugfestigkeit und Scherfestigkeit besitzen. Die Druckfestigkeit braucht nicht allzu groß zu sein, weil ein Beton von großer Druckfestigkeit sehr viel weniger elastisch ist. Aus diesen Gründen und ferner des großen Eigengewichts wegen wird man von der Verwendung von Kies und Sand für den Beton zu Schiffsbauzwecken in Zukunft absehen und mehr zum Bau mit Leichtbeton übergehen.

Einen wesentlichen Einfluß auf die Elastizität des Schiffskörpers hat die Wahl und Anordnung der Eiseneinlagen. Umschnürte Stützen und Pfähle, hohle Masten aus Eisenbeton, spiralarmierte Konstruktionen usw. sind z. B. ganz bedeutend elastisch, während Betonbauten ohne Eiseneinlagen eine sehr geringe Elastizität besitzen [1]). Aus diesen Veröffentlichungen erkennt man, daß Eisenbeton sehr elastisch ist und bei geeigneter Konstruktion Durchbiegungen zuläßt, welche der Nichtfachmann für unmöglich hält.

Zu 8. Eine große Tragfähigkeit bei geringem Eigengewicht kann man jedoch nur durch eine Spezialmischung, also ohne Verwendung von Sand und Kies, erreichen. Die aus Kiesbeton hergestellten Schiffe haben ca. 60 bis 80% größeres Eigengewicht als eiserne Schiffe. Um jedoch konkurrenzfähig gegenüber eisernen Schiffen zu sein, ist es notwendig, das Eigengewicht so weit herabzusetzen, daß es dem Eigengewicht der eisernen Schiffe nahezu gleichkommt. Durch Schwächung der Wandungen und der gesamten Eisenbetonkonstruktion ist dies jedoch nicht zu erreichen. Es muß das spezifische Gewicht entsprechend herabgesetzt werden. Dies kann meistens erreicht werden, wenn man einen Beton von einem spezifischen Gewicht von 1,25 bis 1,45 zusammenstellt. Großen Einfluß auf das Eigengewicht hat die Spantenentfernung und die dazu erforderliche Wandstärke. Je dichter die Spanten gelegt werden, desto schwächer können die Platten hergestellt werden.

Zu 9. Bei Kollisionen kann man die betreffenden Stellen leicht und schnell ohne große Unkosten reparieren. Der Eisenbetonschiffskörper besitzt eine bedeutende Widerstandsfähigkeit gegen Erschütterungen und lokale Stöße. Die evtl. entstandenen Beschädigungen werden sehr geringe Abmessungen besitzen. Ein eigentliches Loch wie im Eisenschiff wird nicht entstehen; denn die einzelnen Teile des Betons haften auch dann noch an den netzförmigen Eiseneinlagen, wenn zahlreiche Risse aufgetreten sind.

Zu 10. Die Bauzeit eines mittleren Schiffskörpers beträgt ca. 3 Monate. Dieselbe hängt im wesentlichen nur davon ab, wieviel Arbeiter beschäftigt werden. Die Bauzeit kann jedoch, wenn in 2 oder 3 Schichten gearbeitet wird, auf $^1/_2$ bis $^1/_3$ verkürzt werden. Da beim Stapellauf jedoch bedeutende Spannungen auftreten, muß der Schiffskörper ca. 4 Wochen abbinden. Nur wenn der Eisenbetonschiffskörper im Trockendock oder Schwimmdock gebaut wird, sind die Beanspruchungen so gering, daß keine besondere Abbindezeit erforderlich ist.

Zu 11. Das Material ist leicht zu beschaffen. Zement ist in genügenden Mengen erhältlich. Überdies kommen nur verhältnismäßig geringe Mengen in Frage. Auch das Moniereisen ist leichter zu beschaffen als Schiffbaueisen. Das Füllmaterial ist ebenfalls in genügenden Mengen zu beschaffen. Während des Krieges bietet nur der Transport einige Schwierigkeiten.

---

[1]) Siehe Beton und Eisen und Handbuch für Eisenbetonbau.

Zu 12. Die bisherigen Erfahrungen haben bewiesen, daß Muscheln und Pflanzen sich an den Eisenbetonschiffskörper nur in sehr geringem Maße ansetzen. Je nach der Güte des Betons können mehrere Jahre vergehen, ohne daß etwas von dem Ansetzen von Muscheln und Pflanzen zu merken ist. Obwohl die Glätte der Außenhaut einen wesentlichen Einfluß auf das Ansetzen der Muscheln hat, so müssen doch noch andere Gründe vorhanden sein, welche das geringe Ansetzen von Muscheln erklären lassen.

Zu 13. Wegen der glatten Außenhaut ist auch anzunehmen, daß eine geringere Reibung im Wasser vorhanden ist. Die Außenhaut des Betonschiffskörpers wird so geglättet, daß sie nach erhaltenem Anstrich spiegelglatt erscheint.

Zu 14. Die Widerstandsfähigkeit gegen Seewasser wird durch eine geeignete Zusammensetzung der Betonmischung sowie durch besondere Zusätze erreicht.

Zu 15. Die Anschaffungskosten eines Eisenbetonschiffskörpers betragen ca. $^2/_3$ bis $^3/_4$ des Eisenschiffskörpers.

Zu 16. Durch die längere Lebensdauer des Eisenbetonschiffskörpers wird die geringe Abschreibung begründet. Auch gegen Frost hat sich der Eisenbeton widerstandsfähig gezeigt und es ist erwiesen, daß Eisenbeton, welcher sich teils im Wasser, teils außer dem Wasser befindet, nicht vom Frost angegriffen wird. Auch sind Sprengwirkungen infolge Frostes bei abgebundenem Beton nicht beobachtet worden.

Zu 17. Geringe Kosten für die Werftanlage.

7. Der Leichtbeton. Als einzig richtige Lösung des Eisenbetonschiffbaues muß nach Ansicht des Verfassers die Verwendung eines Leichtbetons in Verbindung mit einer dichten Spantenteilung, zur Erzielung eines nicht zu großen Eigengewichts gelten. Die Verwendung des Leichtbetons hat sich in Verbindung mit einer geeigneten Konstruktion auch in der Praxis bestens bewährt. Die ganze Frage des Eisenbetonschiffbaues hängt vom Eigengewicht ab, und nur dann, wenn diese Frage gut gelöst ist, kann der Eisenbetonschiffbau dauernd zur Anwendung kommen. Ein niedriges Eigengewicht kann man durch folgende vier Mittel, gemeinsam angewandt, erreichen:

1. Einen leichten Beton.
2. Geringe Spantenentfernung.
3. Schmale und hohe Spanten und Balken.
4. Gute Einteilung der Stringer, Kielschweine und Rahmenspanten.

Das spezifische Gewicht des Betons und die dazu verwendeten Materialien müssen demnach besonders eingehend behandelt werden.

Man unterscheidet zunächst Bindemittel und Zuschlagstoffe oder Füllmaterial. Als Bindemittel wird man meistens Portlandzement verwenden. Da jedoch nur hochwertiger Zement verwendet werden kann, muß der Zement sich durch Versuche (Zementproben) als ein vorzüglicher bewiesen haben. Es genügt hierbei jedoch nicht, daß derselbe gerade die Normen erfüllt.

Zur Erhöhung der Wasserdichtheit wird man den Portlandzement mit geeigneten Zuschlägen versehen. Bitumen in flüssigem Zustand oder ähnliches ist zu vermeiden. Es empfiehlt sich jedoch, dem Zement ca. 20 bis 25% sehr fein gemahlenen Asphalt oder sonstiges gemahlenes, bituminöses Gestein als Zuschlag trocken zuzumischen. Das Asphaltpulver muß jedoch mindestens so fein wie Zement gemahlen sein. Man erhält dann einen wasserabweisenden Zement, welcher dieselbe Festigkeit besitzt wie gewöhnlicher Portlandzement[1]). Hieraus ist zu erkennen, daß Bitumen, trocken, in pulverförmigem Zustand, keinen schädlichen Einfluß auf die Festigkeit des Betons hat.

Der Traß. Als nächster Zuschlagsstoff kommt, um die Festigkeit des Betons zu erhöhen, den Zement zu verlängern und den Beton widerstandsfähiger gegen Seewasser zu machen, der Traß in Anwendung.

Traß ist ein Produkt trachytischer Gesteinsmassen und wird durch Mahlen von hydraulischem Tuffstein gewonnen. Derselbe hat sich bei Bauten im Seewasser bewährt. 1 cbm Traß wiegt im trockenen Zustand ca. 950 kg bis 1000 kg. Er verzögert das Abbinden des Zements. Durch Verwendung von Traß nimmt nicht nur die Festigkeit des Betons bedeutend zu, sondern der Beton erhält dadurch auch größere Elastizität. Der Traß kann zirka zur Hälfte als Bindemittel angesehen werden. Zu einem Teil Zement wählt man gewöhnlich $^1/_2$ Teil Traß. In besonderen Fällen kann man auch 1 Teil Zement und 1 Teil Traß verwenden. In der Praxis hat sich gezeigt, daß der Traß auch sonst den Beton bedeutend verbessert; denn es werden auch Rißbildungen usw. vermieden.

Füllmaterial. Alsdann kommt das eigentliche Füllmaterial. Infolge des hohen spezifischen Gewichtes erscheint die Verwendung von Sand und Kies, auch als Zuschlag, ausgeschlossen. Man ist demnach genötigt, sich nach anderen Stoffen umzusehen, welche jedoch nicht faulen, quellen, verrotten oder sonst sich verändern dürfen. Wir finden dann nach einigem Suchen eine Anzahl geeigneter Stoffe und Produkte, welche nachfolgenden Bedingungen entsprechen:

1. Geringes spezifisches Gewicht.
2. Beständig gegen Witterungseinflüsse und gegen Wasser.
3. Gute Verbindungsmöglichkeit mit Zement.
4. Geringe Aufnahme von Wasser.
5. Säurefrei.

---

[1]) Antiaqua-Zement.

Hierzu kommen folgende Materialien in Frage:

1. Hochofenschlackensand.
2. Natürlicher Bims (im gemahlenen Zustand).
3. Lavabimskies (im gemahlenen Zustand).
4. Kunstbims (Patent Schol).
5. Infusorienerde (jedoch gebrannt und nur mit sehr geringem Tongehalt).
6. Andere ähnliche Produkte.

Die Körnung darf nicht größer sein als 4 bis 5 mm. Die Mischung muß, um gute Resultate zu erhalten, eine bestimmte Menge feinkörniges, mittelkörniges und grobkörniges Material enthalten.

Für die Herstellung des Schiffskörpers kommt fast ausschließlich Gußbeton zur Verwendung. Das Material darf deshalb nicht zu grob sein, weil wegen des dichten Eisengeflechts leicht Gußfehler entstehen würden. Es empfiehlt sich auf jeden Fall, möglichst verschiedene Materialien zu verwenden, weil ein Material oft das andere ergänzt.

Die Verwendung von Kieselgur (Infusorienerde) bedarf besonderer Vorsicht und genauer Untersuchung auf Tongehalt und sonstige organische Bestandteile.

Die Zusammensetzung einer geeigneten Mischung bedarf einer Reihe von besonderen Versuchen. Es empfiehlt sich eine Mischung von 1 : $3^1/_2$ bis 1 : 4 zu verwenden, d. h. 1 Teil Zement und $3^1/_2$ bis 4 Teile Zuschlagstoffe.

Beton aus gemahlenem, natürlichem Bims (möglichst vorher gewaschen und von seinen unreinen und schwereren Bestandteilen befreit) und gemahlenem Lavakies geben, mit Zement und Traß vermischt, einen verhältnismäßig guten Beton.

Den Hochofenschlackensand soll man mehr als Zuschlag, nicht als Hauptbestandteil verwenden.

In nordischen Ländern soll man Infusorienerde als Ersatz für Traß verwendet haben. Auch fein gemahlener Hochofenschlackensand kann als Ersatz für Traß verwendet werden.

Der auf diese Weise erhaltene Beton hat ein spezifisches Gewicht von 1,15 bis 1,45, je nach Art der Zusammensetzung und des Mischungsverhältnisses.

8. Die Festigkeit des Leichtbetons. Bei einem geeigneten Mischungsverhältnis kann folgende Bruchfestigkeit für Würfelproben bei Gußbeton in Holzformen erzielt werden:

Leichtbeton	7	Tage	alt	= ca.	30	bis	40	kg/cm²
,,	14	,,	,,	= ,,	60	,,	80	,,
,,	21	,,	,,	= ,,	90	,,	120	,,
,,	28	,,	,,	= ,,	120	,,	160	,,
,,	42	,,	,,	= ,,	160	,,	200	,,

Leichtbeton	2	Monate	alt	= ca.	200	bis	220 kg/cm²
,,	3	,,	,,	= ,,	220	,,	250 ,,
,,	6	,,	,,	= ,,	250	,,	280 ,,

Die Festigkeit des Leichtbetons ist jedoch außerdem gewissermaßen abhängig von seinem spezifischen Gewicht. So wurde durch Versuche festgestellt, daß man auch einen Beton erzeugen kann, welcher ein spezifisches Gewicht von unter „1" hat. Derselbe hat jedoch eine geringere Festigkeit als oben angeführt.

9. Allgemeine Betrachtungen. Durch Versuche ist festgestellt worden, daß der Bruch eines Konstruktionsteiles, sei es ein Balken oder Spant, meistens nicht durch Überschreitung der Bruchfestigkeit des Betons erfolgt, sondern durch Überschreitung der Fließgrenze des Eisens. Berechnet man einen Balken, so wählt man die Abmessungen gewöhnlich so, daß die Betonspannungen ca. 30 kg/cm² betragen; die Eisenspannungen betragen hierbei ca. 1200 kg/cm². Lassen wir die Belastung auf das Doppelte steigen, so werden die Eiseneinlagen die Fließgrenze erreichen, während die Betonbeanspruchung erst auf ca. 60 kg/cm² gekommen, die Bruchgrenze des Betons also noch lange nicht erreicht worden ist. Sie kann auch nicht erreicht werden.

Bei unsachgemäßer Konstruktion, d. h., wenn keine geeigneten Eiseneinlagen zur Erhöhung der Scherfestigkeit angeordnet werden, können selbstverständlich auch zuerst Scherrisse auftreten.

Im allgemeinen können bei obiger Festigkeit 40 kg/cm² evtl. auch mehr zugelassen werden.

Um ein größeres Eisenbetonschiff vollständig fertig herzustellen und auszurüsten, wird der Beton mindestens 3 Monate alt, bevor der Schiffskörper seine größte Beanspruchung im Seegang auszuhalten hat. Mit diesem Alter von 3 Monaten können wir leicht eine Festigkeit von 200 kg/cm² erzielen. Die Konstruktion besitzt demnach eine 5fache Sicherheit.

Aus allen diesen Betrachtungen geht hervor, daß man nicht bemüht sein soll, einen Beton von möglichst hoher Druckfestigkeit zu erzielen, sondern einen Beton von möglichst großer Elastizität und verhältnismäßig großer Zugfestigkeit. Die Haftfestigkeit kann mit 4,5 kg/cm² in Rechnung gestellt werden. Die Scherfestigkeit darf 7,5 kg/cm² betragen. Wird dieser Wert überschritten, so müssen eine entsprechende Anzahl schräge Eiseneinlagen unter einem Winkel von 45 Grad aufgebogen werden.

10. Reparaturen von Schiffskörpern aus Eisenbeton. Reparaturen von Eisenbeton lassen sich bei den in Frage kommenden dünnwandigen Konstruktionen verhältnismäßig leicht ausführen. Der neue Beton verbindet sich mit dem alten sehr gut, wenn die Stoßflächen rauh sind, diese mit Zement eingeschlämmt werden und der neue Beton eingegossen wird. Die Druckspannungen werden ohne weiteres übertragen, und die Zugspannungen werden vom Eisen aufgenommen. Sollte Eisen zerrissen worden sein, so verstärkt man die Stelle durch Zulageeisen. Eine reparierte Stelle wird genau so dicht wie die alten Wandungen.

11. Die Eiseneinlagen im Eisenbetonschiffbau. Zur Erzielung einer größeren Festigkeit und Elastizität soll man sehr viele, jedoch sehr schwache Eiseneinlagen verwenden, damit eine gute Verbindung des Betons mit dem Eisen besteht. Die Außenhaut wird man aus diesem Grunde doppelt kreuzweise armieren und die Abstände des Eisens nicht größer als die Dicke der Platte wählen.

Auch der Längsverband soll aus zahlreichen, dünnen Eiseneinlagen, welche in den Stößen versetzt (verschoben) eingelegt werden, bestehen. Man soll möglichst lange Eisen verwenden. Diese sollen ca. 50 cm bis 1 m übergreifend, eingelegt werden. Hierbei ist zu beachten, daß die übergreifenden Stellen nicht alle auf einem Platz zu liegen kommen, sondern an verschiedenen Orten. Ferner muß darauf gesehen werden, daß die Eiseneinlagen von einem Konstruktionsteil in den anderen weit übergreifen. So müssen die Spanteneisen ins Deck und in die Bodenwrangen eingreifen.

Zur Erzielung einer Rahmenwirkung und zur Aufnahme der Eck- und Einspannungsmomente müssen Eckeisen zwischen Bodenwrange, Spant und Decksbalken angeordnet werden. Es ergibt sich hieraus, daß sämtliche Träger, Rippen, Spanten und Boden doppelte Eiseneinlagen erhalten müssen.

12. Kreuzweise Armierung von Platten und Balken. Kreuzeisen-Gitterwerksbügel. Die Eiseneinlagen der Außenhaut, sowohl die der

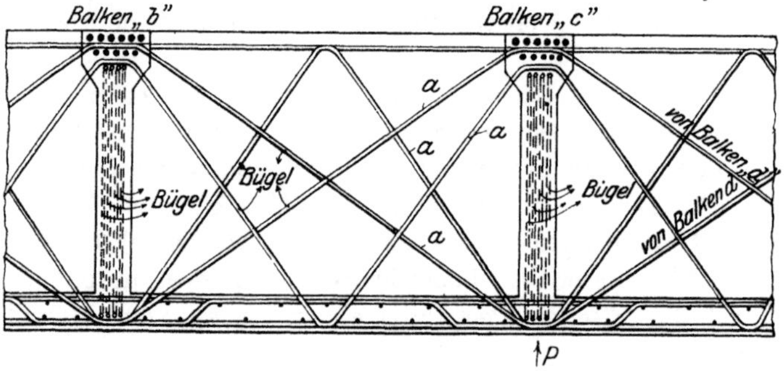

Abb. 7. Gitterwerksbügel und Kreuzeisen.

Wände als auch die des Bodens werden meistens kreuzweise und doppelt eingelegt, wobei außerdem noch ein Teil der positiven Eisen über den Stützen aufgebogen werden. Die kreuzweise Armierung hat den Vorteil, daß sich die Kräfte nach zwei Richtungen verteilen. Bei event.

Stößen und bei Grundberührungen kann die Platte durch das doppelte Geflecht ganz bedeutende Stöße aushalten. Die beiderseitige Armierung wird hauptsächlich deshalb gewählt, weil Lasten von oben und auch von unten auftreten können.

Um eine möglichst große Festigkeit des Schiffskörpers, insbesondere des Bodens zu erzielen, wird man meistens dazu übergehen, auch die Bodenquerbalken durch Bodenlängsbalken zu versteifen, um dadurch eine kassettenartige Teilung und kreuzweise Balkenkonstruktion zu erhalten. Auch die Wände, welche meistens ein dichtliegendes Spanten-

Abb. 8. Gitterwerksbügel in der Ausfuhrung.

system besitzen, wird man durch Längsspanten aussteifen. Durch diese Konstruktionen wird erzielt, daß starke Kräfte, wie dieselben bei Kollisionen und Grundberührungen vorkommen, sich nach zwei Richtungen verteilen und aufgenommen werden. Es hat sich herausgestellt, daß derartige kassettenförmig angeordnete Balken praktisch gegen Kollisionen und sehr stabil sind.

Ganz besonderer Wert muß jedoch bei den kreuzweis angeordneten Balken auf die Armierung gelegt werden. Wie Abb. 8 zeigt, hat man, um ein Zusammenarbeiten der Längs- und Querträger zu sichern, kreuzweise Eisen angeordnet und so die Balken gegenseitig aufgehängt. Zur

Unterstützung der Scherkräfte und zur Aufnahme evtl. Stöße auf die Rippenträger, hat man außerdem Gitterwerksbügel angeordnet. Die Kreuzeisen, welche gleichzeitig ein schlaffes Gitterwerk bilden, verbinden die benachbarten Träger so, daß, wenn eine Stoßkraft auf die Eisenträger kommt, die links- und rechtsliegenden Träger mit hochgezogen werden, also mit an der Tragfähigkeit teilnehmen müssen. Diese Kreuzeisen sind jedoch nicht nur in der Längsrichtung, sondern auch in der Querrichtung angeordnet. Die bisher üblichen Bügel im Eisenbetonhochbau lassen sich wegen der im Eisenbetonschiffbau üblichen schmalen Rippen meistens nicht anwenden, weil nicht genügend Platz für die Momenteneisen übrig bleibt.

Da sich die horizontalen mit den vertikalen Schubspannungen vereinigen und unter einem Winkel von 45° würgen, werden die Eisen schräg aufgebogen, so daß dieselben, wenn Risse auftreten sollten, zerreißen müßten.

13. Erforderlicher Prozentsatz der Armierung, Einfluß der Konstruktion der Armierung auf die Elastizität des Schiffes. Im Eisenbetonhochbau hat man verhältnismäßig starke Eiseneinlagen von 20 bis 30 mm oft verwendet, nur bei Deckenplatten hat man im Hochbau 8 bis 12 mm Eisen angeordnet. Im Eisenbetonschiffbau, wo die Konstruktion und die aufgelösten Rippen und Spanten sehr schmal gehalten werden müssen, kann man jedoch derartige starke Eisen nicht anordnen. Auch für den Längsverband des Schiffes wäre es nicht ratsam, derartige starke Eisen anzuwenden; denn die Stöße der Eiseneinlagen würden immer gefährliche Stellen bilden. Auch würde die Haftfestigkeit zu gering sein. Auch werden wohl derartige starke Eisen nicht mit verhältnismäßig genügendem Beton umhüllt werden können, weil man an Betonmasse ganz bedeutend sparen muß. Aus diesem Grunde wird man im Eisenbetonschiffbau nur schwache Eiseneinlagen, und zwar 6 bis 10 mm verwenden. Ausnahmsweise könnte man vielleicht auch 12 bis 14 mm Eiseneinlagen anordnen. Durch die zahlreichen schwachen Eiseneinlagen erhält man erstens eine große Haftfestigkeit, und zweitens kann man diese Eiseneinlagen so versetzt einlegen, daß man einen Stoß der Eiseneinlagen nicht finden kann. Die dünnen Eiseneinlagen legen sich ganz von selbst in die Form des Schiffskörpers hinein, ohne daß dieselben vorher gebogen werden brauchen. Die dünnen Eiseneinlagen in den Spanten und die senkrechten Eiseneinlagen in den Wänden läßt man beim Bau überschießen und biegt sie nachträglich in das Deck ein. So ähnlich verfährt man auch bei allen übrigen Konstruktionen und erreicht dadurch den Verband der einzelnen Konstruktionsteile mit seinen benachbarten Teilen.

Der Prozentsatz der Armierung beträgt bei kleineren Schiffen, wie bei Schuten von 100 t, ca. 25%. Bei Schiffskonstruktionen mit mehreren Schottenteilungen mit gutem Querverband sind 20% Armierung erforderlich. Bei sehr langen Schiffen mit geringer Höhe, z. B. Donauschlepps, wird voraussichtlich ca. 30% Armierung erforderlich sein. Der Armierungsprozensatz wird verstanden und bezogen auf das Eigengewicht des Schiffskörpers ohne jegliche Einrichtung und Ausrüstung. Wenn z. B. ein Leichter 100 t Eigengewicht besitzt, so werden für diesen überschläglich 25 t Eisen erforderlich sein.

Großen Einfluß auf die Elastizität des Schiffskörpers hat die Wand und die Anordnung der Eiseneinlagen. Die Anordnung von dünnen, sehr langen und weit übereinandergreifenden Eisen mit den dünnen Rippen und Spanten haben gezeigt, daß diese Konstruktion sehr elastisch ist; denn sämtliche Platten und Balken werden kreuzweise doppelt armiert und durch die Ecken rahmenförmig versteift, so daß der ganze Schiffskörper dieser monoliten Bauweise große Durchbiegungen erleiden kann. Auch eine Umschnürung der oberen Außenseite am Deck, welche gleichzeitig als Wallschiene ausgebildet werden kann, ist sehr zu empfehlen, weil dadurch erstens ein guter Druckgurt für den Längsverband und zweitens eine Wallschiene zur Aufnahme von Stoßkräften erzielt wird.

14. Aufnahme von Stoßkräften und Einzellasten bei Grundberührung. Es genügt nicht allein, den Schiffskörper gegen Wasserdruck und gegen evtl. wechselseitige Beladung stabil zu konstruieren, sondern es muß vor allem der Schiffskörper auch ganz bedeutende Stöße und Einzellasten aufnehmen können. Würde man den Schiffskörper nur auf Wasserdruck und Ladung berechnen, so würden die Bodenbalken und Spanten und auch die Außenhaut viel zu schwach werden. Die Stoßkräfte, welche der Schiffskörper auszuhalten hat, sind jedoch unbekannt. Auch ist eine Grenze zwischen normalen Stößen und einer Kollision schwer zu ziehen. Auch gegen evtl. Grundberührung muß der Schiffskörper in gewissen Grenzen stabil sein. Die Stärke der Bodenplatten und Wände wird sich demnach mehr oder weniger aus der Praxis ergeben, und aus diesen Abmessungen wird man zurückrechnen, um für Konstruktionen die Lasten zu haben. Hieraus haben sich die Abmessungen der Stärke für die Platten, wie im Absatz 12 und den Leitsätzen gesagt, ergeben.

15. Das Querspantensystem. Im Eisenschiffbau wird allgemein das Querspantensystem vorgezogen, weil oft die Laderäume so groß sein müssen, daß eine Versteifung der Längsrichtung sehr ungünstige Resultate ergeben würde. Das Querspantensystem hat sich schon im Holzschiffbau und später im Eisen- und Stahlschiffbau gut bewährt. Die Spantenentfernung beträgt hierbei bei mittleren Schiffen ca. 50 bis 60 cm. In gewissen Entfernungen sind dann auch Rahmenspanten, also verstärkte Spanten, angeordnet worden. Die normalen Spanten werden meistens durch ein oder zwei Stringer ausgesteift. Die Seitenstringer haben jedoch meistens nur den Zweck, Stoßkräfte auf mehrere Spanten zu verteilen. Auch im Eisenbetonschiffbau wird das Querspantensystem vorherrschend bleiben. Die Spantenentfernung wird nicht größer sein dürfen als bei Eisenschiffen. Dieses System wird man jedoch im Boden mit einer Anzahl Längsbalken (Kielschweine) und in den Wänden durch eine größere Anzahl kräftiger Stringer versteifen, wodurch die Spanten schwächer gehalten werden können.

16. Das Längsspantensystem. Auch das Längsspantensystem ist im Eisenschiffbau mehrmals mit Erfolg angewandt worden. Hierbei entstehen jedoch Schwierigkeiten bei der Durchführung des Längs- mit dem Querverband.

Im Eisenbetonschiffbau läßt sich jedoch die Durchführung des Längs- und Querverbands außerordentlich vollkommen und einwandfrei herstellen. Aus diesem Grunde ist man also dazu übergegangen, ein gemischtes Längs- und Querspantensystem anzuordnen und auch den Schiffsboden in Längs- und Querrahmen aufzuteilen. Schiffskörper, die sehr dichte Querschotten besitzen, kann man jedoch ausschließlich mit Längsspanten versehen, weil die Schottwände einen guten Querverband bilden und gleichzeitig als Auflager für die Längsträger dienen können. Bei Pontons, Hebekästen und Schwimmdocks kann man jedoch den Quer- und Längsverband ausschließlich durch Schotten erzielen. Diese Längsschotten werden allerdings durch große Öffnungen und Aussparungen durchbrochen und nur in gewissen Abständen als sogenannte wasserdichte Schotten ausgeführt.

17. Schottenteilungen, Längs- und Querschotten. Um eine Unsinkbarkeit des Schiffes zu erreichen, muß man bei größeren Schiffen eine Schottenteilung anordnen. Vorne und hinten wird man je ein Kollisionsschott setzen. Sind mehrere Laderäume vorhanden, so wird man auch diese durch wasserdichte Schotten trennen. Den Maschinenraum wird man selbstverständlich auch durch Schotten hinten und vorne abschließen, und auch die Kohlenbunkerräume werden dicht verschließbar angeordnet. Falls es möglich ist, wird man außer den Querschotten noch Längsschotten anordnen. Längsschotten kommen bei Wasserbooten, Öltankschiffen, Anlegepontons, Hebekästen und vor allen Dingen bei Schwimmdocks zur Anwendung. Bei Schiffen, welche eine Maschinenanlage an Bord haben, wird man einen wasserdichten Doppelboden anordnen. Der Doppelboden muß so stark sein, daß er den Wasserdruck aufnehmen kann, wenn die Außenhaut durch Grundberührung leck geworden ist. Der Doppelboden trägt wesentlich zur Unsinkbarkeit eines Schiffes bei. Man muß jedoch bestrebt sein, durch die Anordnung des Doppelbodens die Zugänglichkeit sämtlicher Konstruktionsteile, also auch Zwischenboden und Doppelboden, zu erhalten, und zwar deshalb, um evtl. Reparaturen leicht ausführen zu können. Bei Anordnung des Doppelbodens muß jedoch auch eine entsprechende Rohrleitung vorhanden sein, um die einzelnen Abteilungen auspumpen zu können.

18. Der Bauvorgang. Vor Beginn des Baues muß man sich zunächst eine geeignete Helgenanlage schaffen. Alsdann stellt man zunächst aus Holz einen Unterbau her, welcher gleichzeitig die Schalung des Bodens zu tragen hat. Nun werden die Lehrspanten, welche man aus Holz nach einem Linienriß ausgeschnitten hat, in Abständen von ca. 50 cm bis 1 m, aufgestellt. Sodann wird man die Lehrspanten mit Schalbrettern versehen. Hierauf kann man mit dem Geflecht der Boden- und Wandplatten beginnen. Nachdem die Längs- und Quereisen der Außenhaut fertig geflochten sind, wird man die Eiseneinlagen für die Bodenwrangen, Kielschweine und Stringer aufstellen und flechten. Die Eiseneinlagen für das Deck läßt man vorläufig noch fehlen. Nachdem die Innenschalung fertiggestellt ist, wird hierauf der Boden selbstverständlich möglichst gleichzeitig mit den Bodenwrangen und Kielschweinen gegossen. Nach Fertigstellung des Betons für den Boden werden alsdann die Wände mit den Spanten gegossen. Das Einbringen des Betons muß möglichst rasch hintereinander folgen, damit der vorher eingegossene Beton nicht zu sehr abgebunden hat. Wenn man nicht Tag und Nacht arbeitet, lassen sich gewisse Arbeitsabsätze nicht vermeiden. Dieses hat jedoch praktisch keinen schädlichen Einfluß. Bei ausgeführten Schiffen hat sich gezeigt, daß auch große Arbeitspausen, infolge Frost, keinen Einfluß auf die Wasserdichtheit und Festigkeit des Eisenbetonschiffes haben. Nachdem auch der Längsverband des Schiffes eingegossen ist, kann das Schiff ausgeschalt werden. Die innere Schalung kann man meistens nach wenigen Tagen entfernen; doch auch die Außenschalung muß nach Möglichkeit entfernt werden, weil der Schiffskörper nach außen mit einem wasserdichten Putz versehen werden muß. Vor allem muß der Boden sorgfältig geputzt werden, wobei das Schiff, welches auf Helgen und Pallen steht, umgepallt werden muß und die Slips der Helgen auf kurze Zeit entfernt werden können. Hierauf wird das Deck eingeschalt und alsdann geflochten. Die Ausrüstungsgegenstände müssen rechtzeitig noch mit eingegossen werden. Nach Fertigstellung des Schiffskörpers erhält derselbe einen schwarzen Anstrich, meistens aus Teer, Black-varnish oder heißem Goudron. Der Anstrich hat praktisch keinen Wert; doch macht er einen sehr guten Eindruck auf den Laien.

19. Helgenanlage, Stapellauf, Längshelgen. Schiffe von 100 bis 200 t Tragfähigkeit wird man meistens auf einem Längshelgen herstellen. Bei größeren Seeschiffen empfiehlt es sich, mehrere Ablaufbahnen zu verwenden. Flußschiffe, Oberländerkähne und Donauschlepps wird man auf einer Querhelgenanlage bauen. Auch große Schwimmdocks wird man fast ausschließlich auf einer Querhelgenanlage ablaufen lassen, nachdem jedoch das Schwimmdock vorher und während des Baues auf Pallen gesetzt worden ist.

Der Stapellauf von Eisenbetonschiffen erfordert große Sachkenntnisse und Erfahrungen. Um die Arbeit des Eisenbetonschiffbaues möglichst zu vereinfachen, ist man geneigt, das Schiff möglichst horizontal zu bauen. Die horizontale Lage eines Schiffes ist für einen Stapellauf meistens sehr ungeeignet. Nur wenn ein sogenannter Patentslip vorhanden ist, welcher eine lange Vorhelgenanlage und Wagen besitzt, kann man vorteilhaft und ohne Schwierigkeit das Schiff wagerecht bauen und quer ablaufen lassen. Große Schiffe auf den Längshelgen müssen unbedingt in derselben Neigung, wie der Helgen, gebaut werden. Eine Querhelgenanlage wird meistens ein Gefälle von 1 : 8 haben müssen, während eine kleine Längshelgenanlage ein Gefälle von 1 : 10 und eine mittlere Längshelgenanlage ein Gefälle von 1 : 12 bis 1 : 14 haben muß. Die Helgenanlage muß im gleichen Gefälle fortlaufen und darf um so viel nach oben gebogen werden, als sich der Helgen während des Ablaufes setzen wird. Es muß sehr genau darauf geachtet werden, daß der Slip, wenn er eingeschmiert ist, nicht lange liegen bleibt, sondern der Stapellauf alsdann bald erfolgt. Für eine Querhelgenanlage ist ein sogenannter Patentslip als das Beste zu empfehlen. Ein Patentslip besteht aus einzelnen eisernen Wagen, welche mit vielen ziemlich dicht nebeneinanderliegenden Rädern versehen sind. Der Achsenabstand der Räder wird meistens ca. 1 bis 1,50 m betragen, der Radabstand 60 bis 75 cm und die Entfernung der Wagen 5 bis 7 m. Die Wagenentfernung darf nicht zu groß angenommen werden, weil die einzelnen Wagen ausgewechselt werden müssen. Bei allen diesen Bauarten ist jedoch immer der Bau in einem Trockendock vorzuziehen, weil man hier auch größere Schiffe wagerecht herstellen und diese in kurzer Zeit schon zu Wasser lassen kann.

20. Der Unterbau von Eisenbetonschiffen. Bei der Herstellung des Unterbaues für Eisenbetonschiffe muß darauf geachtet werden, daß weder Verschiebungen nach der einen noch nach der andern Richtung während des Baues erfolgen können. Um dieses zu vermeiden, empfiehlt es sich vor allen Dingen, eine Reihe Mittelpallen und eine Reihe Seitenpallen zu setzen. Das Schiff ist evtl. ganz auf Stützen und Pallen zu bauen und später sind erst die Ablaufbahnen unterzuschieben. Die Ablaufbahnen werden unten festgekeilt und die Pallen abgegraben. Da jedoch der Boden des Schiffes geputzt werden muß, so müssen sämtliche Pallen ausgewechselt bzw. umgepallt werden. Der Unterbau des Schiffes muß so konstruiert sein, daß man streifenweise die Schalung entfernen kann, ohne dabei die Unterstützung fortnehmen zu müssen.

Man läßt entweder die Bodenschalbretter nur an den Helgen anstoßen und auf einer seitlich an den Helgen angenagelten Latte ruhen, oder man legt bei den Stößen der Schalbretter 2 Kanthölzer in den Stützen nebeneinander, wovon man dann eine Unterstützung entfernt. Durch diese Konstruktion wird ermöglicht, daß man den Boden des Schiffes stückenweise frei bekommt und denselben verputzen und anstreichen kann. Der Unterbau des Schiffes muß selbstverständlich entweder auf gutem Baugrund gelagert sein oder es müssen bei schlechtem Baugrund zahlreiche Längs- und Querdielen den Druck so weit herabmindern, daß derselbe höchstens 0,5 kg/qcm beträgt.

21. Das Absenken von Schiffen vor dem Stapellauf. Da viel Arbeitszeit und viele Kosten erspart werden, wenn man den Eisenbetonschiffskörper wagerecht baut, so wird man vielfach genötigt sein, das Schiff abzusenken. Auch muß der Boden des Schiffes so hoch liegen, daß derselbe noch wasserfrei ist. Aus diesem Grunde wird oft eine Absenkung des Schiffskörpers notwendig sein. Einen großen Schiffskörper senkrecht herabzulassen, bietet meistens, wenn derselbe genügend stark konstruiert ist, keinerlei Schwierigkeiten.

Die Absenkungen erfolgen:

1. Durch Herausnahme einer größeren Anzahl Pallen,
2. durch Abgraben und Abschachten der Pallen und
3. durch Umwechslung der Pallen (Umpallen).

Bei dem Absenken des Schiffes ist vor allen Dingen zu beachten, daß keinerlei Steifen darunter stehen, welche evtl. einen seitlichen Schub ausüben können, sondern der Schiffskörper soll lediglich auf Pallen stehen. (Unter Pallen werden starke, kreuzweise aufeinandergelegte Hölzer verstanden.)

Etwas schwieriger gestaltet sich das Absenken eines Schiffskörpers in einer schrägen Lage, d. h. in derselben Neigung wie die des Helgens. Will man diese Art Absenkung durchführen, so soll man den Drehpunkt an eine Kante des Schiffes legen. Hierbei die andere Seite des Schiffes zu heben, ist praktisch meistens unausführbar oder stößt auf Schwierigkeiten. Einen Schiffskörper in eine schräge Lage zu bringen, soll man lediglich durch Senken herbeiführen, und zwar durch Fortnehmen von mehreren Pallen an der betreffenden Seite, wo es sich senken soll, und diese weggenommenen Pallen auf die andere Seite, welche nicht mit abgesenkt werden soll, unterbringen. Die auf der abzusenkenden Seite stehenden Pallen werden dann paarweise abgegraben und umgewechselt.

22. Der Bau im Trockendock. Für große Seeschiffe ist es sehr ratsam, dieselben in einem Trockendock oder evtl. auch in einem Schwimmdock zu bauen. Die Betonschiffe, welche in der ersten Zeit noch keine große Festigkeit besitzen, muß man mindestens 28 Tage abbinden lassen, damit sie die Spannungen beim Stapellauf aushalten können. Baut man jedoch in einem Trockendock, so kann man das Schiff sofort nach Herstellung des Bodens, der Wände und des oberen Längsverbandes aus dem Dock herausnehmen und das Deck und die Einrichtung und Ausrüstung später fertigstellen. In Gegenden, wo Ebbe oder Flut auftreten, kann man leicht ein Trockendock nur durch Ausschachtung des Erdbodens herstellen. Nach vorne schließt man die Baugrube durch einen Fangedamm ab. Das Pumpen ist nicht notwendig, weil man das Wasser in einem Punkt sammeln und oben durch ein Ventil von selbst bei Ebbe auslaufen lassen kann.

Falls der Tiefgang so groß ist, daß Ebbe und Flut nicht ausreichen, um den Schiffskörper ohne Ausrüstung aus einem Trockendock herausbringen zu können, bedient man sich auch einer sogenannten Dockhelgenanlage. Das Schiff muß also auf dem Helgen noch ein Stück gleiten, wird jedoch zum größten Teil vom Auftrieb schon getragen.

23. Ausführungsmöglichkeiten von Schwimmkörpern.

1. Pontons. Aus Eisenbeton lassen sich Pontons für verschiedene Zwecke herstellen, z. B.:
   a) Pontons zum Anlegen von Schiffen,
   b) Pontons zum Heben von Schiffen,
   c) Pontons für Werkstätten,
   d) Pontons zum Tragen von Gebäuden, ferner
   e) Pontons für schwimmende Straßen, zwischen Docks.
2. Schwimmdocks in jeder Form und Größe, und zwar auch aus mehreren Teilen.
3. Schuten und kleinere Fahrzeuge für Transport, sowie alle möglichen Frachten.
4. Leichter für Fluß- und Seeverkehr.
5. Motorfrachtschiffe in beliebiger Größe für Binnenschiffahrt, kleine und größere Fahrzeuge für Küstenfahrt und atlantische Fahrt.
6. Dampfer in jeder Form und Größe als Frachtschiffe.
7. Motorboote und Barkassen für den Hafenverkehr.
8. Arbeitsschiffe.
9. Kutter.
10. Fischdampfer.
11. Schleppkähne für Rhein, Weser, Elbe, Oder, Weichsel und Donau von 700 bis 1000 t Tragfähigkeit und darüber.
12. Segelschiffe für See- und Wattenfahrt in beliebiger Größe.
13. Öltankschiffe und Prähme mit eingebauten Behältern oder mit Längs- und Querschotten.
14. Wasserboote mit Längs- und Querschotten.

15. Baggerschuten.
16. Lieger.
17. Bojen.
18. Evtl. Schiffe für Kriegszwecke.

III. Der Schiffbau in Bezug auf den Eisenbetonschiffbau.

1. Allgemeines. Ein Schiff ist ein Schwimmkörper von beliebiger Form aus geeignetem Material, welches zu verschiedenen Zwecken auf Flüssen und auf der See verwendet wird. Dem Baustoff nach kann man die Schiffe einteilen:

a) hölzerne Schiffe,
b) eiserne Schiffe (Stahlschiffe aus Siemens-Martin-Flußeisen, sog. weichen Schiffbaustahl),
c) Kompositschiffe, d. s. Schiffe mit eisernem Innenbau und hölzernen Planken,
d) Eisenbetonschiffe.

Eisenbetonschiffe sollen eine reine Eisenbetonkonstruktion bilden. Die Verwendung von eisernen Spanten und Bodenwrangen mit einer Eisenbeton-Außenhaut ist aus wirtschaftlichen und technischen Gründen zu verwerfen. Auch starke profilartige Eiseneinlagen sollen nicht verwendet werden, weil ein Zusammenarbeiten des Betons mit diesen Eiseneinlagen sich als ungenügend bewiesen hat.

Dem Verwendungszweck nach kann man die Schiffe einteilen:

a) Handelsschiffe,
b) Kriegsschiffe.

Es sollen hier nur Handelsschiffe behandelt werden. Nach dem Bereich ihrer Tätigkeit kann man diese einteilen:

a) Hochseeschiffe für atlantische Fahrt,
b) Küstenschiffe für kleine und große Küstenfahrt,
c) Fluß- und Binnenschiffe.

Als Schiffe werden auch Sonderfahrzeuge wie Docks, Dockpontons, Schwimmkräne, Bagger, Pontons aller Art und Bojen gerechnet.

Für den Eisenbetonschiffbau kommen besonders folgende Schiffsarten in Frage:

a) Atlantische Fahrt:
Motorschiffe, Frachtdampfer, Fischdampfer.
b) Küstenschiffahrt:
Motorschiffe, Dampfer, Fischereifahrzeuge, Leichter, Segelschiffe usw.
c) Flußschiffahrt:
Schleppkähne, Schuten, Leichter und andere Frachtschiffe.

Besonders geeignet ist der Eisenbeton für Schwimmdocks und Pontons aller Art.

2. Handelsschiffstypen und andere Schiffsarten. Nach Art der Aufbauten der Schiffe werden dieselben bezeichnet als Glattdeck-

Abb. 9. Glattdeckschiff.

schiffe, Schiffe mit erhöhtem Quarterdeck, Welldeckschiffe, Zwischendeckschiffe und Schiffe mit: „Back, Brückendeck, lange Hütte, Poop, Brückenhaus, Spardeck usw."

Für den Eisenbetonschiffbau eignet sich am besten das Glattdeckschiff, weil hier der Längsverband durchlaufen kann.

Leichter, Flußschiffe usw. wird man möglichst als Glattdeckschiffe bauen.

Dampfer sollen meistens voll und leer eine gute Schwimmlage haben. Maschine und Kessel setzt man in die Mitte des Schiffes. Bei Schiffen mit Motoren kann man diese hinten einbauen, und vorn Trimmtanks und Betriebsstoffbehälter anordnen.

Um die Mannschaftsräume, Küche usw. nicht in dem wertvollen Laderaum unterbringen zu müssen, wird man Motorfrachtschiffe mit

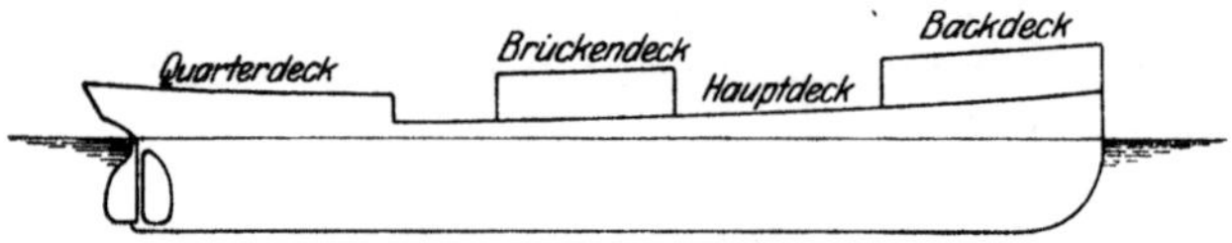

Abb. 10. Schiff mit Quarterdeck.

einem erhöhten Quarterdeck sowie Brückenhaus anordnen. Damit das Fahrzeug seetüchtig ist, wird evtl. auch eine Back aufgebaut.

Schiffe, bei denen Maschine und Kessel in der Mitte liegen, wird man meistens mit einem Brückendeck versehen.

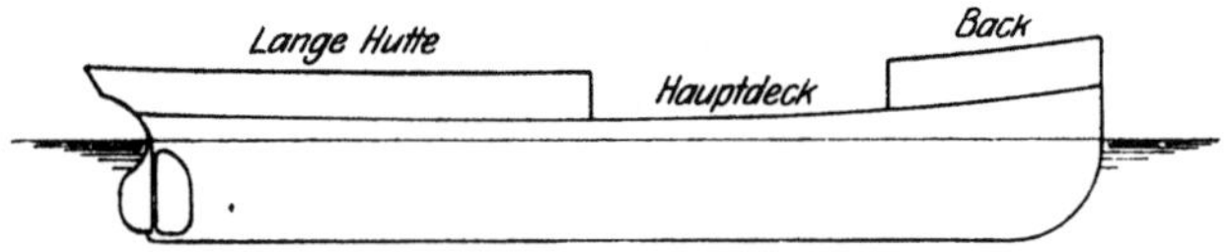

Abb. 11. Welldeckschiff.

Als Welldeckschiffe mit langer Hütte werden Schiffe bezeichnet, welche mit einer vollen Poop versehen sind. Als Ausgleich für die Lasten wird vorn meistens die Back angeordnet.

Wie auch die Art der Aufbauten sei, man soll stets das Hauptdeck mit dem Längsverband durchlaufen lassen, und nie ein gebrochenes Deck konstruieren.

Um einen möglichst großen Laderaum für leichte Ladung zu erhalten, werden für bestimmte Zwecke Zwischendeckschiffe gebaut.

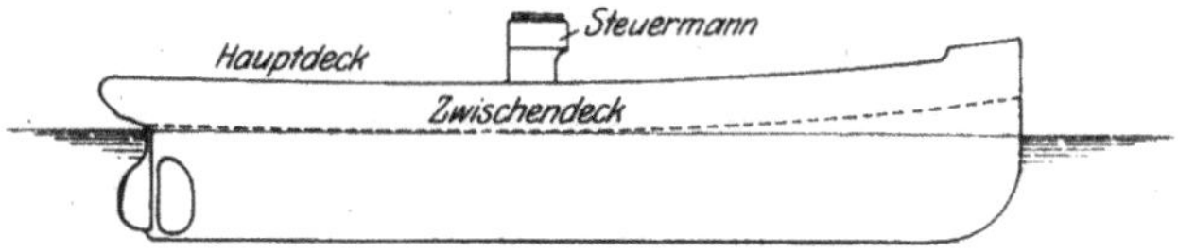

Abb 12 Zwischendeckschiff.

Für Erzladung werden oft Koffer- oder Turmdeckschiffe verwendet.

Der Eisenbetonschiffbau kann vorteilhaft für größere Schiffe, insbesondere für Frachtschiffe verwendet werden.

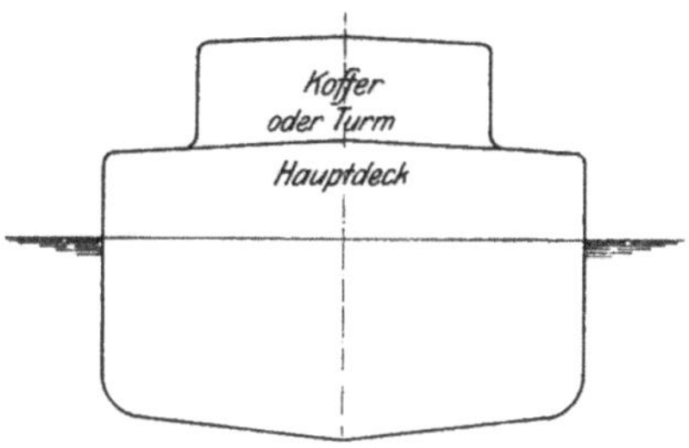

Abb. 13. Kofferschiff.

Im Kleinschiffbau bei Booten, Barkassen, Jachten und ähnlichen Fahrzeugen kann der Eisenbetonbau wegen des höheren Eigengewichts für diese kleinen Fahrzeuge keine großen Vorteile bieten.

3. Erklärung der wesentlichsten Fachausdrücke. Als Hauptspant bezeichnet man den Querschnitt durch die Mitte des Schiffes.

Mit Bodenwrangen bezeichnet man die Querbalken im Schiffsboden.

Mit Spanten (Querspanten) werden die Rippen in den Wänden bezeichnet, welche senkrecht in den Wänden angeordnet und mit den Bodenwrangen verbunden sind.

Mit Längsspanten werden die Rippen bezeichnet, welche als Auflager der Außenhaut dicht nebeneinander angeordnet sind und mit der Außenhaut längs des Schiffes laufen. Die Längsspanten lagern meistens auf Schottwänden oder Rahmenspanten.

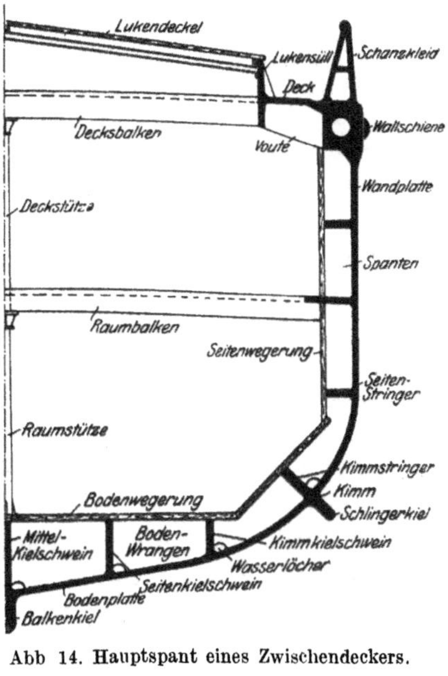

Abb 14. Hauptspant eines Zwischendeckers.

Rahmenspanten nennt man besonders starke und hohe Spanten, welche in größeren Abständen (z. B. alle 3 bis 5 m) angeordnet werden und zur Erzielung eines größeren Querverbandes dienen. Man unterscheidet hier wieder vollständige, ganze Rahmen mit oberen Querbalken und ferner

Halbrahmen, welche oben offen sind.

Die Außenhaut besteht aus Platten aus Eisenboton. Wo die Bodenplatten in die Wandplatten übergehen, befindet sich eine Abrundung, welche man Kimm nennt.

Die Platten daselbst heißen Kimmplatten.

Mit Stringer bezeichnet man die in den Wänden angeordneten Längsrippen eines Querspantenschiffes. An der Seite werden diese Seitenstringer und in der Kimm Kimmstringer genannt.

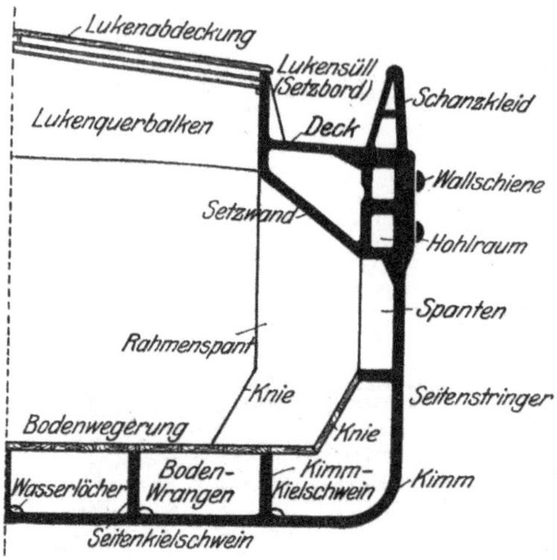

Abb. 15. Hauptspant eines Leichters.

Kielschweine nennt man die Bodenlängsrippen eines Querspantenschiffes.

Die Längsrippe in der Mitte bezeichnet man als Mittelkielschwein, die Bodenlängsrippen an der Seite mit Seitenkielschwein und an der Kimm mit Kimmkielschwein.

Mit Schlingerkiel bezeichnet man den an der Kimm vorstehenden Kiel.

Lukensüll nennt man die wandartige Einfassung der Laderaumluken über dem Deck.

Schanzkleid nennt man die Brüstung auf Deck an der Außenbordseite, wenn diese als volle Wand ausgebildet ist.

Reling nennt man die obere Abschlußleiste oder das Profileisen (Handleiste) des Schanzkleides.

Sturzpforten nennt man die mit Klappen versehenen Öffnungen im Schanzkleid, welche für den Abfluß des Wassers einer Sturzwelle dienen.

Die Bretter zum Abdecken des Laderaumes bezeichnet man als Lukendeckel.

Die Auskleidung des Laderaumes mit Bohlen nennt man Bodenwegerung oder Bugdielen.

Die Holzverkleidung der Wände im Laderaum nennt man Seitenwegerung.

Die Seitenwegerung besteht auch oft aus starken Latten, welche in bestimmten Abständen von einander befestigt werden.

Wird die Bodenwegerung aus Eisenbeton wasserdicht hergestellt, so entsteht ein Doppelboden.

Behälter für Trinkwasser, Speisewasser, Öl usw. bezeichnet man als Tank.

Die Behälter (oder Räume) für Kohlen nennt man Bunker oder Kohlenbunker.

Unter Kiel versteht man das unterste, mittschiffs durchgehende Längsverbandstück des Schiffes.

Der Kiel geht vorn in den Vordersteven über und endigt hinten in den Hintersteven (Achtersteven).

Die Querwände eines Schiffskörpers bezeichnet man als Schotten.

Unweit des Vorderstevens ist eine Wand angeordnet, welche man Kollisionsschott nennt.

Sind Wände der Länge des Schiffes nach vorhanden, so bezeichnet man diese als Längsschotten. Die Schotten sollen wasserdicht und evtl. Öffnungen in denselben wasserdicht verschließbar sein.

Als Ladeluken bezeichnet man die Öffnungen im Deck zum Einbringen der Ladung.

Die Ladeluken werden mit Lukendeckeln zugedeckt, und diese mit einem Persennig überzogen, welches mittels der Schalkklampen und Schalkleisten durch Keile festgehalten wird.

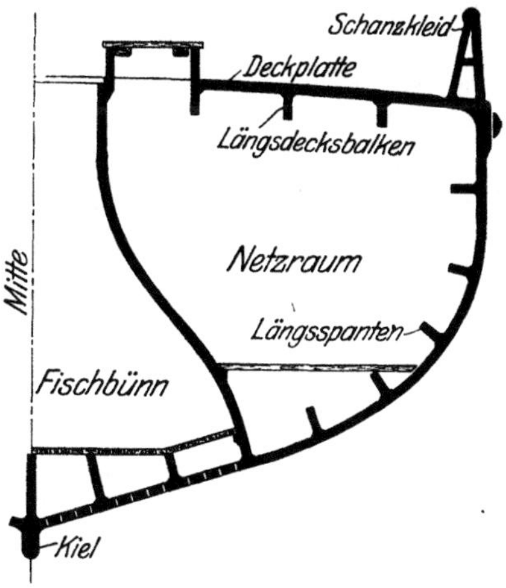

Abb. 16. Hauptspant eines Fischkutters

Der vordere Teil des Schiffes heißt Bug. Um die Bugplatten gegen Eisgang widerstandsfähiger zu gestalten, erhalten diese Eisverstärkung.

Geht ein Schiff vorn zu tief ins Wasser, so bezeichnet man dieses als kopflastig; geht es hinten tiefer, so nennt man es steuerlastig.

Mit Krängung bezeichnet man die schräge Lage eines Schiffes infolge äußerer Kräfte in Querrichtung. Dieses erfolgt durch Winddruck, Heben von Ladung an Bord usw.

Bekommt ein Schiff durch schiefes Laden eine schräge Lage, so sagt man das Schiff hat Schlagseite.

Das Deck des Schiffes ist der Längsrichtung nach nicht horizontal und gradlinig, sondern bildet eine Kurve, welche man als Sprung des Schiffes bezeichnet.

In der Querrichtung nennt man das Gefälle des Deckes die Bucht oder Deckbucht.

Der hintere Teil des Deckes einer Schute heißt Plicht. Der Raum daselbst Plichtraum oder kurz Plicht.

Die seitlichen Decks der Schute heißen Schandeckel.

Die Ketten und Ringe an der Schute, an welchen diese fortgezogen wird, nennt man das Schleppgeschirr.

Das Drahtseil, mit welchem geschleppt wird, heißt Schlepptrosse.

Das Ruder wird mittels des Ruder-Sektors durch die Steuereinrichtung bewegt.

Damit das Ruder herausgenommen werden kann, erhält der Schiffskörper am Heck eine nach unten gehende trichterförmige Erweiterung, welche man Ruderkoker nennt.

Der Rudersektor wird mittels gekreuztem Lattengitter abgedeckt, welche man Gräting nennt.

Das Ruder wird bei kleineren Schiffen durch die Ruderpinne bewegt.

Die Vorrichtung zum Einnehmen und Herausnehmen der Ladung, bestehend aus Ladebaum, Ladebaumlümmel, Rollen usw. nennt man das Ladegeschirr.

Die gebogenen, drehbaren Arme, mittels denen die Beiboote herabgelassen werden, nennt man Bootsdavits.

Die nötigen Rollen mit Leinen nennt man Bootstaljen.

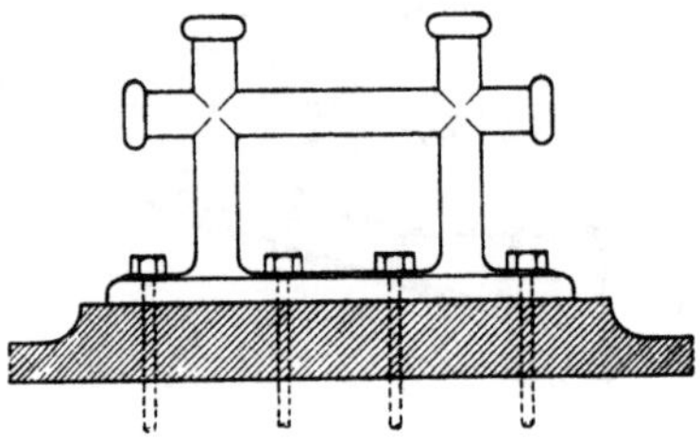

Abb. 17. Poller.

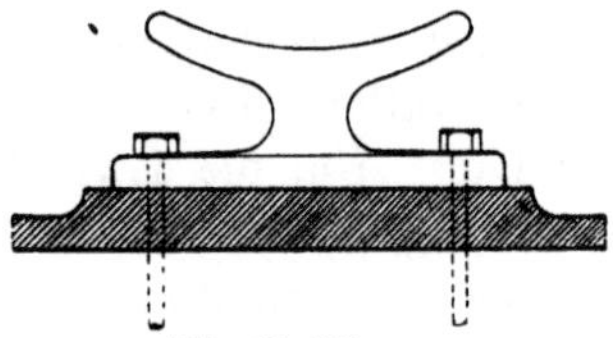

Abb. 18. Klampe.

Zur Befestigung der Taue und Drahtseile werden zum Schleppen, zum Verholen und zum Festmachen des Schiffes Poller und Klampen auf dem Deck befestigt.

Für den Ablauf des Regenwassers auf Deck werden Rohre vom Deck nach außen angeordnet, die man Speigatrohre nennt.

Um das Regenwasser unter dem Laderaum zu entfernen, werden Lenzrohrpumpen angeordnet (Lenzpumpen).

Der Anker wird mittels der Ankerkette durch das Ankerspill oder die Ankerwinde gehoben.

Die Ankerkette läuft hierbei durch die Ankerklüsen (meistens gußeiserne Rohre mit ringförmigen Erweiterungen nach außen).

Wenn ein Schiff anlegt, so hängt man zum Schutze der Wände an die Außenbordseite Fender aus Holz oder Kokosnußtau.

Die einzunehmende Ladung oder das Ladegut wird kurz Gut genannt.

Maschinenräume, Wohnräume usw. müssen durch Ventilationsrohre gelüftet werden. Mittlere Schiffe erhalten natürliche Lüftung, größere Schiffe werden durch mit Kraft betriebene Ventilatoren gelüftet.

Die Bewegung eines Schiffes im Seegang, vorn und hinten hoch- und niedergehend, nennt man stampfen.

Die seitliche Bewegung des Schiffes nennt man schlingern.

Mit seefähig bezeichnet man ein Schiff, wenn die Sturzwellen nicht in die Räume eindringen können, wobei vorausgesetzt wird, daß auch der Schiffskörper stark genug gebaut ist, um die Beanspruchung im Seegang bei schwerem Sturm aushalten zu können.

Backbord ist die linke Seite des Schiffes, wenn man auf dem Schiffe steht und nach dem Vordersteven sieht.

Steuerbord ist die rechte Seite des Schiffes.

Messe ist der Raum, in welchem die Besatzung das Essen einnimmt.

Peilrohr nennt man das Rohr, welches vom Deck bis zum Boden geht und mit dem man die Tiefe des Wassers im Schiffsboden feststellen kann.

Hierzu bedient man sich eines Stockes, den man Peilstock nennt.

4. Erklärung der Klassenzeichen und sonstigen Zeichen. Der Germanische Lloyd (eine Gesellschaft mit behördlichen Eigenschaften) unterscheidet fünf Gruppen von Schiffen:

1. „L" bzw. „Atl" Schiffe für atlantische Fahrt.
2. „K" Schiffe für große Küstenfahrt.
3. „k" Schiffe für kleine Küstenfahrt.
4. „W" Schiffe für Sund- und Wattfahrt.
5. „I" Schiffe für Binnenfahrt.

Da für Eisenbetonschiffe bis jetzt noch keine Vorschriften vom Germanischen Lloyd herausgegeben sind, so müssen die Eisenbetonschiffe entsprechend den Bestimmungen für Eisenschiffbau konstruiert werden. Wenn also im Eisenschiffbau durch Erfahrung sich gezeigt hat, daß bestimmte Konstruktionsteile verstärkt werden müssen, so muß der betreffende Teil des Eisenbetonschiffes auch verstärkt werden.

Der Eisenbetonschiffbau kann nach dem heutigen Stand jedoch nicht nach Normen in Form von Tabellen, wie im Eisenschiffbau, festgelegt werden. Jeder Schiffstyp und jede Größe bedarf einer genauen statischen Berechnung. Um sich jedoch die Erfahrungen des Eisenschiffbaues zunutze zu machen, kann man vergleichende Berechnungen zwischen Eisen und Eisenbeton anstellen. Man ersetzt die eisernen Spanten und Bodenwrangen usw. durch entsprechende Eisenbetonrippen.

Bei Erteilung der Klasse erhalten die Schiffe folgende Bezeichnung:

✠ Germ. Lloyd 100 $\underset{4}{A}$ k (E)  Eisenbeton.

Hierbei bedeutet das Kreuz, daß das Schiff unter Aufsicht des Germanischen Lloyd gebaut ist. Die Nummer 100 oder 90, 80 usw. soll den Zustand des Schiffes kennzeichnen. Ein neu gebautes Schiff wird mit 100 bezeichnet.

Bei eisernen Schiffen hat man den Buchstaben „A" als Klassenzeichen eingeführt; die kleine Zahl (3 bis 4) soll die Wiederbesichtigungszeit kennzeichnen. Wenn der Schiffskörper Eisverstärkungen erhält, so wird ein (E) dahinter gesetzt.

„k" heißt für kleine Küstenfahrt.

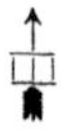 ist das Unsinkbarkeitszeichen, d. h., es sind so viele Querschotten angeordnet, daß zwei benachbarte Schiffsräume voll Wasser laufen können und dabei die Schwimmfähigkeit des Schiffes noch erhalten bleibt.

Die Länge des Schiffes L wird gemessen zwischen den Loten oder Perpendikeln; vom Vordersteven bis Hintersteven in Höhe Tiefladelinie. Die größte Länge des Schiffes wird mit Länge über alles bezeichnet.

Die Breite B des Schiffes wird in Höhe der Konstruktionswasserlinie (Tiefladelinie) beim Hauptspant (ohne Wallschiene) gemessen.

Höhe H oder Seitenhöhe wird gemessen in Schiffsmitte von Unterkante Schiffsboden bis Oberkante Deck an der Außenbordseite.

Tiefgang Tg mißt man von der Schwimmebene bis Kiel oder bis zum tiefsten, unter Wasser liegenden Punkt. Man unterscheidet meistens Tiefgang vorn, Tiefgang in der Mitte und Tiefgang hinten.

Freibord wird gemessen vom tiefsten Punkt der Oberkante des Decks bis zum Wasserspiegel des beladenen Schiffes.

Raumtiefe wird gemessen von Oberkante Decksbalken bis Oberkante Bodenwrangen.

Unter Wasserverdrängung (Deplacement) ist der gesamte im Wasser befindliche Schiffskörper mit allen Anhängen zu verstehen. Es ergibt sich hieraus der Auftrieb und wird das spezifische Gewicht des Flußwassers mit 1,000, also 1 cbm gleich 1 Tonne = 1000 kg angenommen. Für Seewasser rechnet man 1 cbm = 1025 kg.

Konstruktionswasserlinie ist die der Berechnung zugrunde gelegte Schwimmlinie.

Hauptspant ist der Spant mit der größten Fläche (unter Wasser).

Unter benetzte Fläche versteht man die unter Wasser liegende Außenhautfläche.

Unter Stabilität eines Schiffes versteht man den Widerstand, den das Schiff einer Neigung entgegensetzt.

Unter Völligkeitsgrad der Wasserverdrängung versteht man die Verhältniszahl eines rechteckigen Körpers zur richtigen Wasserverdrängung; also Länge mal Breite mal Tiefgang mal Völligkeitsgrad δ gibt die richtige Wasserverdrängung. Der Wert δ beträgt z. B. bei einem Fischkutter ca. 0,56 bis 0,6, bei einem Frachtschiff 0,70 bis 0,75 usw.

Die Geschwindigkeit eines Schiffes wird meistens nach Knoten (Seemeile) = kn = 1,852 km/Std. berechnet.

Unter Tragfähigkeit versteht man im allgemeinen die Ladung, welche ein Schiff aufnehmen kann. Es muß besonders bemerkt werden, ob die Tragfähigkeit einschließlich oder ausschließlich Bunkerkohlen festgelegt ist.

5. Anordnung von Schiffsverbänden. Jeder Schwimmkörper muß sowohl einen genügend starken Längsverband, als auch einen entsprechend starken Querverband besitzen.

Zur Aufnahme des Querverbandes dienen die Bodenwrangen und Spanten und besonders die Querschotten.

Der Längsverband wird durch die Kielschweine und Stringer, jedoch auch durch den Boden und die Seitenwände mit dem Deck hergestellt.

Man kann unter vier verschiedenen Konstruktionen im Eisenbetonschiffbau wählen:

1. Querspantensystem mit Kielschweinen und Stringer.
2. Längsspantensystem mit Querschottwänden.
3. Gemischtes Längs- und Querspantensystem.
4. Schottwand längs und quer und mit Teilschotten.

Das erste kann man für Schiffe mit großen Laderäumen verwenden.

Das zweite wird man für Schiffe mit dichten Querschotten, z. B. für Fischkutter, Fischdampfer und Tankschiffe mit kleinen Räumen verwenden.

Das dritte kann bei Anordnung von zahlreichen Rahmenspanten verwendet werden, wenn die Entfernung der Rahmenspanten oder Schotten etwa gleich der Schiffsbreite ist.

Das vierte System wird man bei Schwimmdocks, Pontons usw. verwenden.

Bei einem sehr starken Querverband, d. h. wenn viele Querschotten oder Rahmenspanten vorhanden sind, kann der Längsverband schwächer gehalten werden. Offene Schuten, bei welchen weder Schotten noch Rahmenspanten vorhanden sind, müssen gleichmäßig starke Querspanten erhalten, welche durch kräftige Ecken, Vouten (Knie) mit den Bodenwrangen verbunden werden, damit ein genügend starker Querverband erzielt wird.

Die Eiseneinlagen für den Längsverband des Schiffskörpers liegen meistens in der Kimm und zum Teil im Boden. Für die Zugspannungen oben werden die Eiseneinlagen möglichst in Höhe des Decks in die Außenwand gelegt. Ein Teil der Eiseneinlagen wird ins Deck gelegt. Da jedoch auch Zugspannungen in den Wänden und im Boden auftreten, legt man in die Außenhaut in dichten Abständen dünne Eiseneinlagen in der Längsrichtung des Schiffskörpers. Die Eiseneinlagen kann man jedoch gleichzeitig für die Außenhaut, die Boden- und Wandplatten benutzen, vorausgesetzt, daß diese Eisen nicht aufgebogene Eisen sind.

Die Kielschweine und Stringer werden durch ihre Eiseneinlagen viel zum Längsverband beitragen.

Schottwände und Rahmenspanten müssen gut mit den Wänden und mit den Bodenplatten verankert und möglichst gleichzeitig mit den Wänden gegossen werden.

Gitterwerke aus Eisenbeton, sowohl in der Außenhaut als auch als Querträger, sind nicht zu empfehlen. Das Gitterwerk ist eine Nachahmung aus der Eisenkonstruktion und wohl für die Eisenkonstruktion geeignet. Im Hochbau hat man zwar Gitterwerke aus Eisenbeton ausgeführt; jedoch kann man nicht behaupten, daß diese außer ihrer Belastung noch alle möglichen seitlichen Stöße und Verdrehungen usw. aufnehmen können.

Für den Eisenbetonschiffbau eignen sich besser volle Wände und dichte Anordnung von Quer- und Längsspanten. Ferner ist für einen guten Verband eines Schiffes auch zu empfehlen, die Lukenbalken über die ganze Länge des Schiffes gehen zu lassen und auch die Lukenquerbalken nicht zu unterbrechen, sondern durchzuführen.

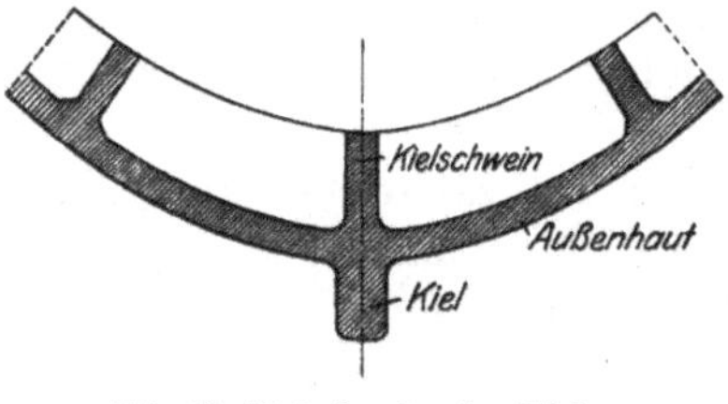

Abb. 19. Kielschwein, der Kiel.

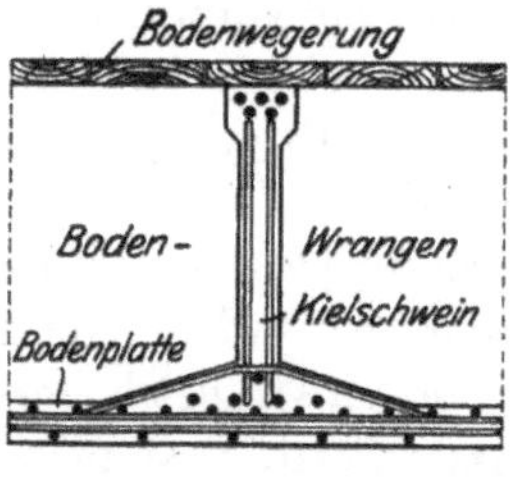

Abb. 20. Flachkiel.

6. Der Kiel. Mittelkielschwein und Seitenkielschwein. Der Kiel ist die hauptsächlichste Längsversteifung des Schiffes. Segelschiffe, Kutter, Fischdampfer usw. haben einen vorstehenden Kiel. Leichter, Frachtschiffe usw. erhalten Balken- oder Flachkiele.

Beim Docken eines Schiffes muß der Kiel so stark sein, daß das Schiff, nur durch den Kiel unterstützt, sich tragen kann. Nur, damit das Schiff nicht umkippen kann, werden seitliche Pallen gesetzt. Vorn und hinten läuft der Kiel in die beiden Steven über. Die untere Platte bei den Flachkielen wird meistens verstärkt werden müssen. Der Kiel soll immer gut durch Bügel oder gitterförmige Eiseneinlagen mit dem Kielschwein verbunden werden. Ecken und Kanten sind am Kiel zu vermeiden. In der Mitte des Schiffes werden Kiel und Kielschwein gleichmäßig durchgeführt, an den Enden werden diese schwächer gehalten. Schiffe mit einem Flachkiel und Doppelboden werden, wenn sie größer sind, unten und oben Verstärkungen erhalten. Seitenkielschweine werden ähnlich ausgebildet, nur entsprechend schwächer mit geringeren Eisen-

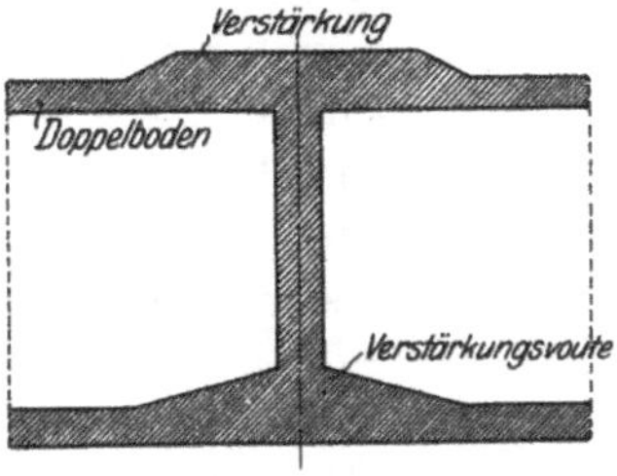

Abb. 21. Flachkiel mit Doppelboden.

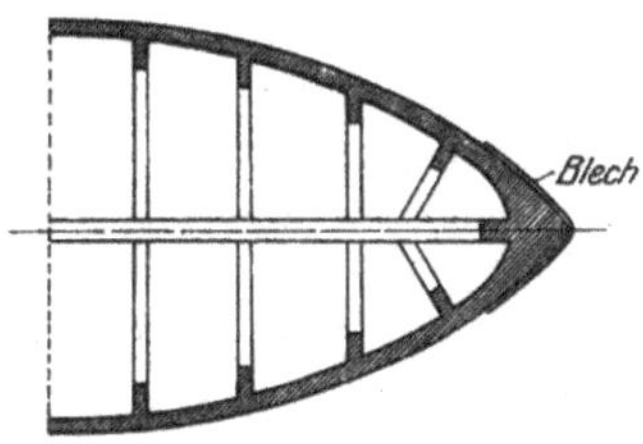

Abb. 22. Vordersteven.

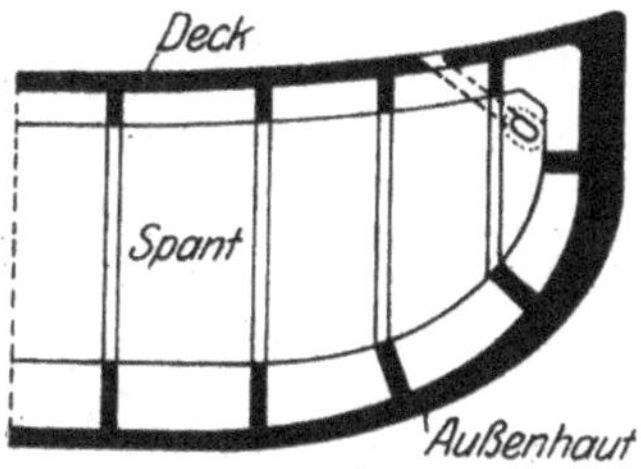

Abb. 23. Gerader Vordersteven.

einlagen. Die Anzahl der Seitenkielschweine richtet sich nach der Größe des Schiffes. Meistens wird man mit je einem Seiten- und Kimm-Kielschwein auskommen.

7. Der Vordersteven. Der Vordersteven bildet die Fortsetzung des Kieles und wird im allgemeinen mittels eines Flacheisens geschützt. Wird der Steven aus Beton von besonderer Härte, evtl. mit Granit oder Quarzzusatz hergestellt, so kann der Stevenschutz in Fortfall kommen.

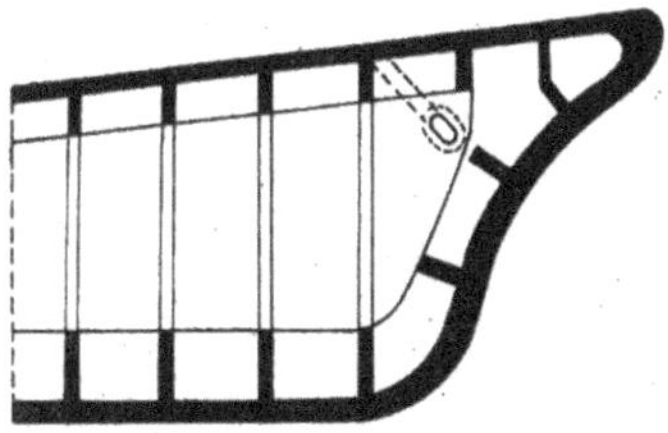
Abb. 24. Ausfallender Vordersteven.

Die ersten ein oder zwei Spanten setzt man senkrecht zur Außenhaut, während die nächsten Spanten winkelrecht zum Kiel zu stehen kommen.

Vordersteven und Kiel aus Flußeisen oder Gußstahl anzufertigen ist nicht zu empfehlen, weil diese sich nicht gut mit dem Betonschiffskörper verbinden und befestigen lassen.

Die Handelsschiffe haben meistens einen geraden Vordersteven; nur einige Segelschiffe haben einen ausfallenden Vordersteven. Der Vordersteven wird doppelt armiert und muß sehr viel Bügel und gitterwerkartige Eiseneinlagen erhalten. Die Armierung muß aus schwachen, jedoch sehr zahlreichen Eiseneinlagen bestehen. Die Eiseneinlagen des Vorderstevens müssen in das Kielschwein weit übergreifen und auch mit dem Deck verbunden sein.

8. Hintersteven. Der Hintersteven muß gegen horizontale Seitenkräfte, entstanden vom Ruderlegen, genügend stark ausgebildet werden. Man konstruiert entweder genau nach einem eisernen Fahrzeug oder richtet sich nach den Bestimmungen des Germanischen Lloyds. Bei Schiffen ohne Schraube ist der Hintersteven aus Beton und das Ruder mit Schaft aus Eisen. Das Ruderblatt ist mit Holz ausgefüttert. Bei Schiffen mit Schraube bildet der Hintersteven einen Rahmen. Den vorderen Teil nennt man Schraubensteven; er wird aus Eisenbeton hergestellt. Der hintere vertikale Teil heißt Rudersteven und besteht aus Eisen. Das Stevenrohr wird mit einem dichten Geflecht von Moniereisen eingeschnürt und alsdann vergossen. Der Rudersteven und die Ruderhacke müssen stark verankert werden. Diese Verankerung muß sehr weit in den Beton eingreifen. Der Schraubensteven muß sehr scharf zugespitzt sein, damit das Schraubenwasser gut zulaufen kann. Wird der Schraubensteven zu dick gehalten und besitzt er keine gute Form, so wird die Geschwindigkeit des Schiffes sehr beeinträchtigt.

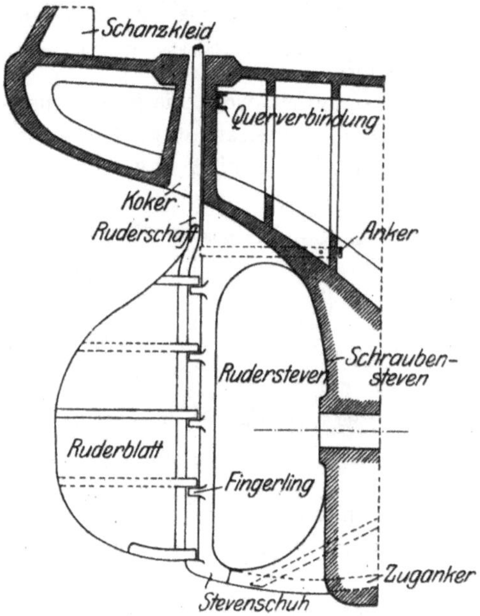

9. Das Ruder. Das Ruder besteht aus Schaft, Pfosten, Blatt und Sektor oder Pinne. Das Ruder wird entweder aus einem schmiedeeisernen Rahmen hergestellt, welcher mit Holz ausgefüttert und beiderseitig mit Blech beschlagen wird, oder er wird aus Stahlguß gefertigt. Das Ruder muß zum Herausnehmen eingerichtet sein; es muß deshalb das Hinterschiff einen Koker erhalten. Auf dem Ruderschaft sitzt entweder der Sektor oder die Ruderpinne. Das Ruder muß 45° nach beiden Seiten umgelegt werden können. Der Sektor muß einen Anschlag (Stopper) erhalten, damit derselbe sich nicht über 45° drehen kann.

Die Steuerkette von links wird rechts am Sektor befestigt, und die Steuerkette von rechts wird links befestigt. Falls keine Steuereinrichtung (Steuerrad usw.) vorhanden ist, wird das Ruder durch die Ruderpinne mit der Hand bewegt. Bei kleineren Schiffen (Motorboot) wird das Ruder eingehängt; es ist unten frei und wird nur oben geführt. Balanceruder soll man der schwierigeren Befestigung wegen vermeiden. Die Größe des Ruders ist zu bestimmen.

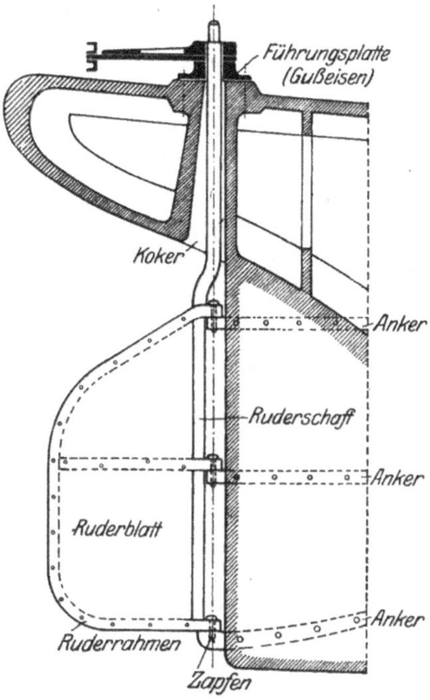

Abb. 26. Rudereinrichtung.

10. Die Steuereinrichtung. Die Steuereinrichtung setzt das Ruder in Bewegung. Die Größe der Ruderfläche ist abhängig von der verlangten Manövrierfähigkeit. Sie beträgt bei Frachtschiffen $^1/_{40}$ bis $^1/_{60}$ von Länge mal Tiefgang, bei kleineren Segelschiffen $^1/_{30}$ bis $^1/_{50}$ der eingetauchten Längsplanfläche.

Der Ruderdruck R in kg beträgt:

$$R = 11\,F \cdot v^2 \cdot \sin\alpha^2,$$

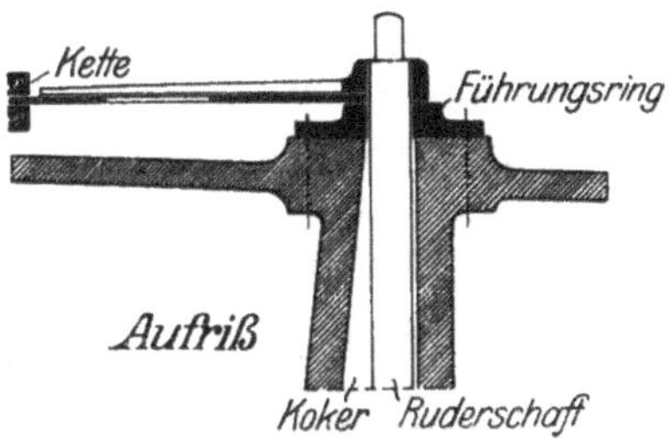

Abb. 27. Sektor, Schnitt.

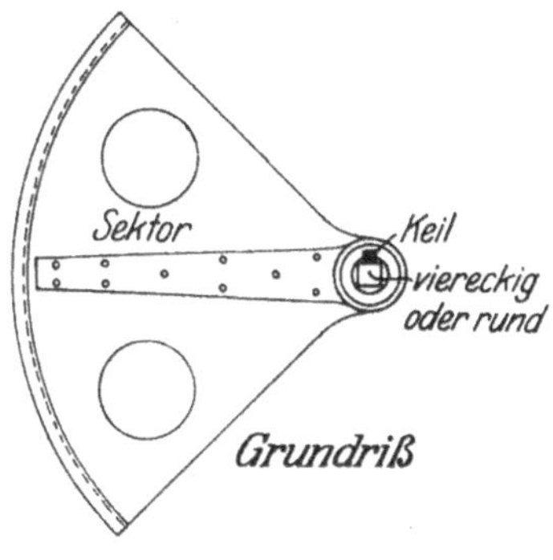

Abb. 28. Sektor, Grundriß.

wobei F die Ruderfläche in qm,

v = die Geschwindigkeit in kn pro Std.,

α = der Ausschlagwinkel (40° bis 45°) ist.

Das Ruder muß in kurzer Zeit (ca. 30 Sekunden) von einer Hartbordlage in die andere umgelegt werden können.

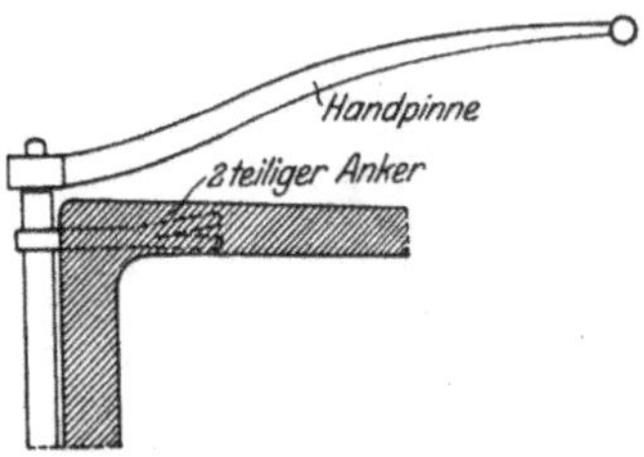

Abb. 29. Ruderpinne.

Man unterscheidet Handsteuerapparat und Dampfsteuerapparat. Die meisten Frachtschiffe besitzen Kettenradsteuereinrichtung. Durch das Steuerrad wird mittels einer Zahnradübersetzung ein Kettenrad in Bewegung gesetzt. Die Kette, welche an der einen Seite des Sektors befestigt ist, läuft über Rollen und über das Kettenrad nach der anderen Seite des Sektors. Die Steuerkette ist demnach aus einem Stück. Die Steuereinrichtung erhält vorn einen Ruderschutz. Diese Ruderschutzwand kann man sehr gut aus Eisenbeton (ca. 3 bis 4 cm stark) herstellen. Der Sektor und die Rollen usw. werden durch die Gräting überdeckt, welche als Stand für den Steuermann dient.

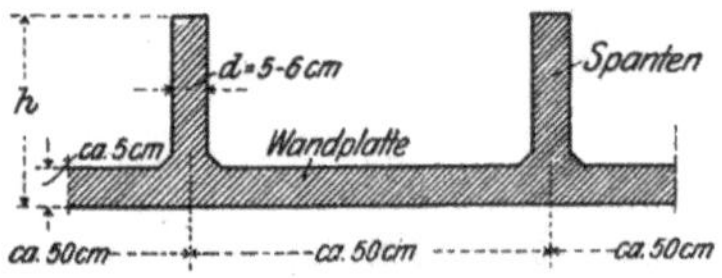

Abb 30. Schnitt durch die Spanten.

Steuerapparate werden von Spezialfirmen geliefert.

11. Querspanten, Längsspanten und Rahmenspanten. Die Spanten (Querspanten) haben in erster Linie die Querbeanspruchungen des Schiffes aufzunehmen und müssen querschiffs die Form und Steifigkeit halten. Die Spanten sind unten mit den Bodenwrangen und oben mit den Decksbalken verbunden. Um die Eckmomente aufnehmen zu können und um eine große Einspannung der Spanten zu erhalten, werden unten Knie- oder Eckversteifungen angeordnet und die Decksbalken mit Vouten versehen.

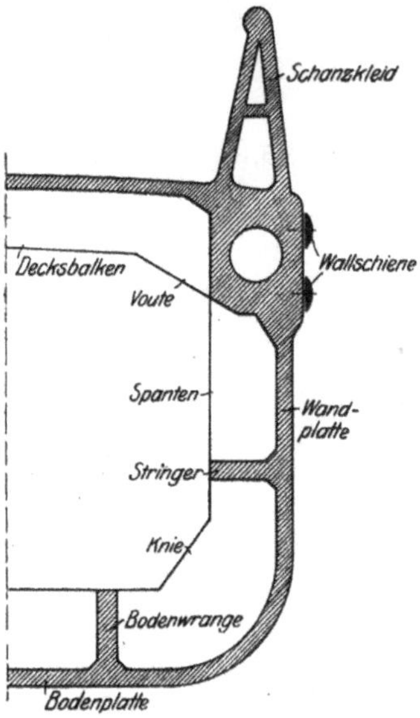

Abb. 31. Teil vom Hauptspant.

Die Spanten werden mit den Bodenwrangen und Decksbalken rahmenförmig verbunden und erhalten auch dementsprechend Eiseneinlagen. Die Spanten sollen gegen Stöße und zur Aufnahme der Scherkräfte Gitterwerksbügel erhalten. Die Spantenentfernung soll bei mittleren und größeren Schiffen nicht über 50 cm betragen. Man kann die Spantenentfernung ungefähr genau so groß oder etwas geringer als im Eisenschiffbau wählen. Die Spantenentfernung im Bug des Schiffes kann, wie es auch im Eisenschiffbau üblich ist, geringer gewählt werden (Zwischenspanten).

Um ein möglichst großes Widerstandsmoment bei geringem Gewicht zu erhalten, wird man die Spanten möglichst schmal und hoch wählen. Man spart gleichzeitig an Eisen. Die Spantenstärke wird man bei Flußschiffen ca. 4 bis 4,5 cm, bei Leichtern ca. 5 cm und bei größeren Seeschiffen ca. 6 cm wählen. Die Höhe der Spanten wird jedoch immer bedeutend größer sein müssen als bei Spanten aus Eisen, welche nur aus einem Winkel mit einem Gegenwinkel bestehen. Man wird ca. $3^1/_2$- bis 4mal so große Höhe benötigen als bei eisernen Spanten. In bestimmten Entfernungen (ca. 3 bis 4 m) werden Rahmenspanten angeordnet, welche den Querverband verstärken und auch als Auflager für die Stringer dienen. Die Stringer sollen dann wieder als Auflager für die Spanten benutzt werden. Die Rahmen haben oben einen Querbalken oder sind mit dem Decksbalken verbunden. Rahmen, denen dieser obere Balken fehlt, also oben offen sind, werden Halbrahmen genannt. Die Halbrahmen müssen oben gegen horizontale Verschiebungen durch das Deck gestützt werden. Wenn sehr viele Querschotten angeordnet werden können, so empfiehlt es sich, nur Längsspanten zu bauen; denn der Querverband wird hinreichend durch die Schotten erzielt und dienen diese Schotten gleichzeitig als Auflager für die Längsspanten. Man legt dann auch die Decksbalken längs des Schiffes auf die Querschotten und erhält dadurch einen sehr guten Längsverband. Bei Frachtschiffen mit großen Ladeluken wird man meistens ein gemischtes Längs- und Querspantensystem anordnen.

Die Spanten soll man im Eisenbetonschiff nie mit einer inneren massiven Wand verkleiden, weil dadurch unzugängliche Räume entstehen, über welche man keine Kontrolle hat. Diese Doppelwände würden die Reparaturarbeiten infolge Kollision sehr erschweren, es sei denn, daß jeder Raum durch ein Mannloch zugänglich ist. Die Spanten erhalten als Verkleidung meistens Seitenwegerung aus Holz.

12. Bodenwrangen. Die Bodenwrangen bilden die Querträger des Bodens. Kleine Schiffe ohne Maschinenanlage erhalten als Bodenwegerung einen Holzbohlenbelag zum Losnehmen, welcher nicht wasserdicht ist. Größere Schiffe mit Maschinen, Pumpen und Rohrleitungen erhalten einen massiven Doppelboden. Die Bodenwrangen werden demzufolge verschieden konstruiert.

Die Bodenwrangen werden sehr schmal und hoch konstruiert werden müssen; denn sonst würde der Schiffskörper viel zu schwer werden.

Aus dem Eisenbetonhochbau ist bekannt, daß man einen eisernen Träger nicht durch einen gleich hohen sehr schmalen Eisenbetonträger ersetzen kann. Auch im Eisenbetonschiffbau werden die Bodenwrangen höher sein müssen als im Eisenschiffbau. Man muß etwa mindestens die Hälfte mehr an Höhe haben als bei eisernen Bodenwrangen. Die Entfernung der Bodenwrangen darf nicht größer sein als im Eisenschiffbau.

Zur Aufnahme von Stößen und zur Unterstützung der Scherkräfte sollen Gitterwerksbügel evtl. außerdem noch gewöhnliche Bügel ver-

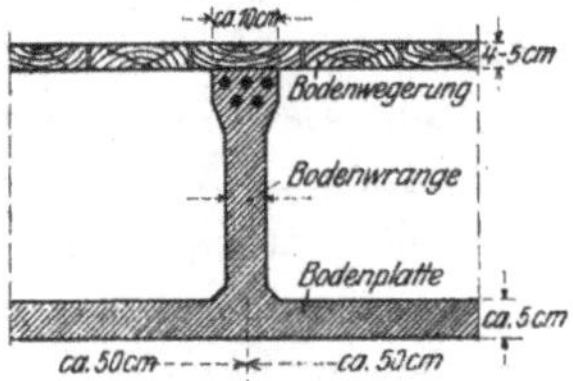

Abb. 32. Bodenwrange, Querschnitt.

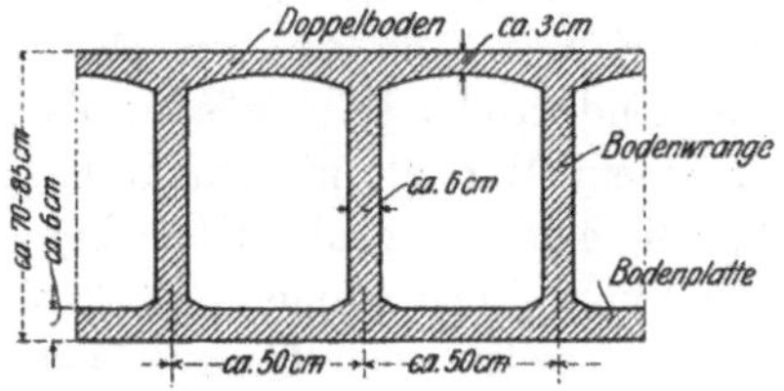

Abb. 33. Bodenwrangen mit Doppelboden, Längsschnitt.

wendet werden. Die im Eisenbetonhochbau üblichen Bügel haben meistens keinen Platz, so daß man genötigt ist, eine andere Konstruktion zu wählen.

Man soll, wenn möglich, so konstruieren, daß die Bodenwrangen von den Mittel- und Seitenkielschweinen unterstützt werden, oder die Belastung des Bodens muß nach zwei Richtungen aufgenommen werden können. Wenn Bodenwrangen zu stark belastet werden, so treten Rißerscheinungen meistens zuerst unter einem Winkel von 45° auf.

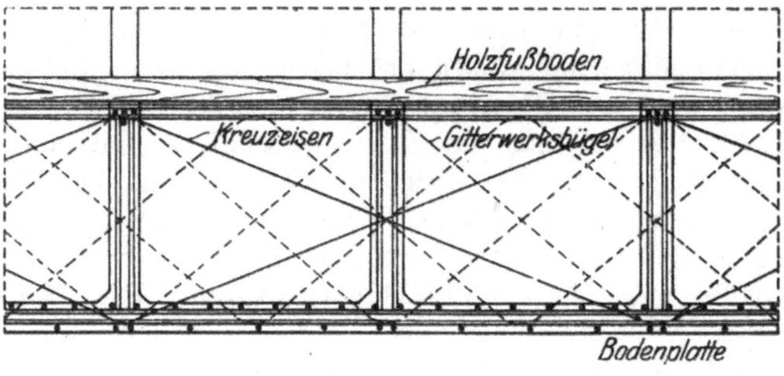

Abb. 34. Bodenwrangen. Eiseneinlagen mit doppelten Gitterwerksbügeln und Kreuzeisen.

Es hat sich demzufolge im Eisenbetonschiffbau ergeben, zahlreiche Eisen nach beiden Richtungen unter 45° versetzt einzulegen, weil Stoßkräfte an beliebigen Stellen auftreten können. Die Eiseneinlagen nennt man Gitterwerksbügel. Die Bügel werden doppelt und auch in derselben Weise in die Bodenlängsbalken eingelegt.

13. Doppelboden oder Bauchdielen. Der Doppelboden hat den Zweck, das Eindringen des Wassers, wenn das Schiff auf Grund gefahren und leck geworden ist, zu verhindern, und dient als Ballasträume. Die Räume unter dem Doppelboden müssen auf jeden Fall zugänglich gemacht werden. Man bildet größere wasserdichte Abteilungen, welche mittels Pumpen und Rohrleitungen entwässert werden können. Die Mannlöcher der Bodenwrangen sollen sehr klein gehalten und möglichst nach dem Knie an der Kimm gelegt werden. Leichter und kleine Frachtschiffe erhalten größtenteils Holzbohlen (Bauchdielen) als Doppelboden.

14. Das Kielschwein. Kimm- und Seitenkielschweine. Je nach der Breite des Schiffes müssen im Boden eine entsprechende Anzahl Kimm- und Seitenkielschweine vorgesehen werden. Im allgemeinen kann man sich nach der im Eisenschiffbau gewählten Anordnung richten.

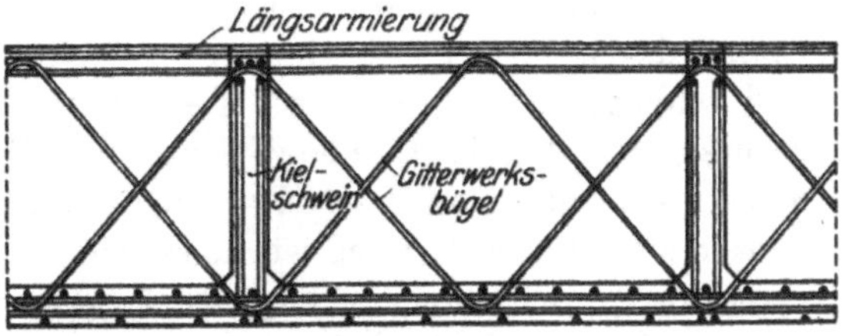

Abb. 35. Bodenwrangen. Eiseneinlagen mit einfachen Gitterwerksbügeln.

Seitenkielschweine wird man mindestens auf jeder Seite zwei, also im ganzen vier, anordnen.

Kimmkielschweine wird man nur dann gebrauchen, wenn ein Schlingerkiel notwendig ist.

Will man die Belastung des Bodens nach zwei Richtungen verteilen, so wird man Kielschweine in Abständen von 1 bis 1,20 m anordnen. In diesem Falle wird man auch die Wände mit Längsspanten konstruieren.

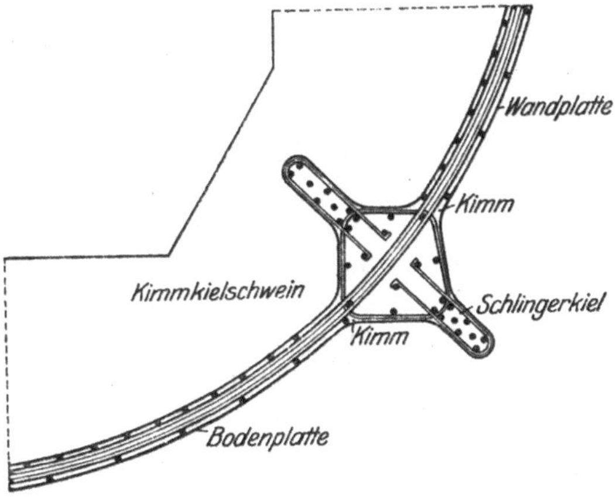

Abb 36. Schlingerkiel

Die Anordnung von kreuzweisen Bodenrippen hat den Vorteil, daß man große Stöße infolge Grundberührung usw. aufnehmen kann; denn die Lasten werden infolge der gegenseitigen Aufhängung auf eine große Fläche verteilt und nach zwei Richtungen aufgenommen.

Das Kimmkielschwein dient im Eisenbetonschiffbau hauptsächlich dazu, den Schlingerkiel gut befestigen zu können. Die Kimm bedarf keiner Aussteifung durch das Kimmkielschein.

15. Kimm- und Schlingerkiel. Die Abrundung an der Stelle, wo der Boden mit den Wänden zusammenstößt, nennt man Kimm. Den Kiel an der Kimm nennt man Schlingerkiel.

In der Kimm werden die Eiseneinlagen des Längsverbandes des

Schiffes untergebracht. Mit ca. 2 bis 3 cm Abstand werden 2 bis 3 Reihen schwache Moniereisen eingelegt. Der Abstand der beiden Eisenreihen ergibt sich von selbst durch die senkrechten Wandeisen, welche in die Kimm eingreifen.

Der Schlingerkiel erhält nach der Kimm zu starke Ausrundungen und wird auch nach vorn abgerundet.

Das Kimmkielschwein erhält starke Vouten und werden bügelförmige Eiseneinlagen nach dem Schlingerkiel eingelegt bzw. Kimmkielschwein und Schlingerkiel eingeschnürt. Der Schlingerkiel selbst wird so weit zurückgelegt, daß derselbe sowohl nach der Seite als auch nach unten nicht übersteht. Dies geschieht, um den Schlingerkiel vor Beschädigungen zu schützen. Falsch würde es sein, den Schlingerkiel aus Eisen herzustellen, weil dieser sich nicht einwandfrei mit der Eisenbetonkimm befestigen läßt. Würde der Schlingerkiel einen starken Stoß erhalten, so würde die Kimm an den Befestigungsstellen leck werden.

16. Decks- und Raumbalken; Unterzüge und Stützen. Als Auflager der Decksplatten dienen die Decksbalken und Unterzüge. Gleichzeitig haben diese wie die Raumbalken den Zweck, eine Versteifung des Schiffes zu erzielen. Die Raumbalken müssen demnach auch knicksicher sein. Die Decksbalken und Unterzüge sind durch das Deck ausgesteift.

Durch Vouten sind die Balken mit den Spanten verbunden. Die Vouten vertreten die Kniebleche des Eisenschiffbaues. Die Decksbalken werden noch schmäler gehalten als die Spanten (ca. 4,5 cm breit).

Da die Spantenentfernung meistens 50 cm betragen wird, so genügt es meistens, auf jeden zweiten Spant einen Decksbalken anzuordnen. Bei größeren Schiffen muß das Deck durch Unterzüge und Stützen unterstützt werden. In den Laderäumen wird man Stützen zu vermeiden suchen. Unter dem Deck zwischen zwei Ladeluken wird man meistens einige Stützen anordnen. Auch in den vorderen und hinteren Wohnräumen oder im Maschinenraum kann man Stützen und Unterzüge anordnen. Die Eisenbetonstützen wird man achteckig oder viereckig mit gebrochenen Ecken herstellen. Scharfe Ecken müssen Schutzschienen erhalten.

Da die Stützen in Laderäumen durch Stückgüter auch seitliche Stöße aushalten müssen, wird man aus diesem Grunde die Stützen stärker halten müssen und diese auch durch starke Eiseneinlagen gegen Ausknicken sichern. Die Stützen müssen bis zum Boden und bis unter die Decksplatten geführt werden.

17. Decksstringer, Raumstringer, Kimm- und Seitenstringer. Bei jeder Balkenlage wird in die Oberkante längs der Außenhaut ein Stringer angeordnet. In der Höhe des Raumbalkens nennt man diesen Stringer

Raumstringer, im Deck Deckstringer, an der Seite Seitenstringer und in der Kimm Kimmstringer. Der Deckstringer wird im Eisenbetonbau nicht besonders angeordnet, weil dieser meistens mit dem Deck zusammenfällt. Die Stringer sollen zur Unterstützung der Spanten dienen. Die Notwendigkeit der Raum- und Seitenstringer richtet sich nach der Stützweite der Spanten bzw. nach der Höhe des Schiffes. Die Stringer sollen durch die Schotten oder durch die Rahmenspanten

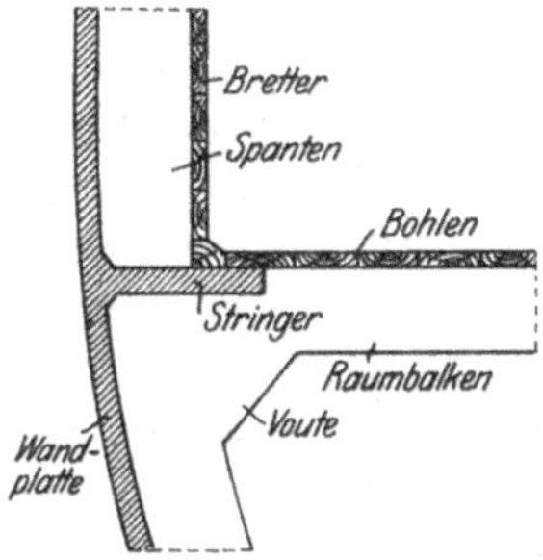

Abb. 37. Raumstringer.

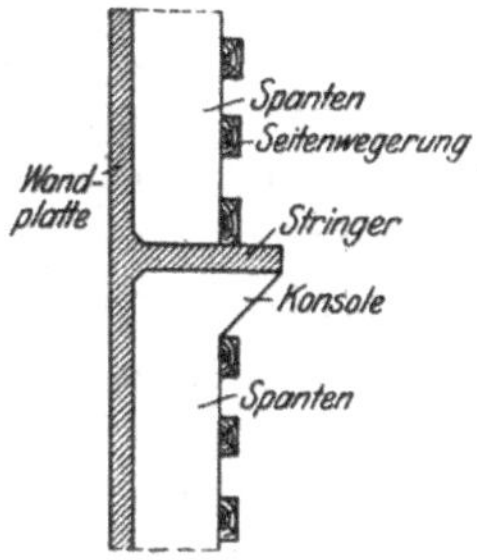

Abb. 38. Seitenstringer.

gelagert werden. Der Kimmstringer kann fortfallen, wenn das Schiff keinen Schlingerkiel besitzt. Beim Längsspantensystem hat man keine Stringer notwendig.

Bei einem gemischten Längs- und Querspantensystem wird man die Stringer sehr dicht anordnen und genau so hoch konstruieren wie die Spanten. In diesem Falle kann man die Stringer auch Längsspanten nennen. Dieses Längs- und Querspantensystem eignet sich besonders gut für den Eisenbetonschiffbau und hat auch noch andere praktische Vorteile.

Der Lukenstringer wird durch das Deck gebildet.

18. Lukensüll und Lukenabdeckung. Das Lukensüll ist die Einfassungswand der Ladeluken. Das Süll wird durch Versteifungsrippen in Abständen von ca. 1,50 bis 2 m gestützt. Oben wird diese Wand

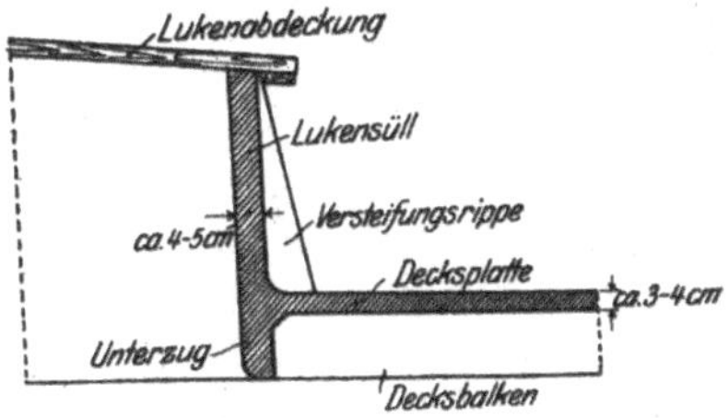

Abb. 39. Lukensüll

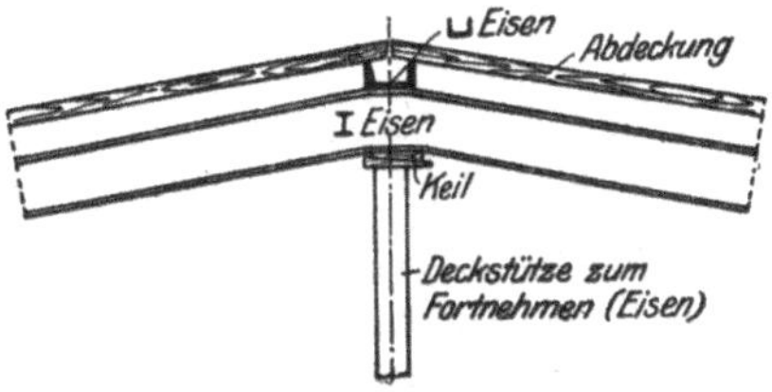

Abb. 40. Lukenabdeckung.

abgerundet oder mit Schutzschienen versehen. Auch die Versteifungsrippen müssen durch Schienen geschützt werden. Das Lukensüll bildet gemeinsam mit dem Unterzug einen Träger, welcher als Auflager für die Decksbalken bzw. für das Deck dient. Die Lukenwände vor und hinter der Ladeluke werden als Rahmenspanten ausgebildet und dienen als Auflager für die seitlichen Lukensüllwände. Der Unterzug unter dem Lukensüll muß längs des ganzen Deckes laufen, damit dieser als Längsverband wirken kann und keine Risse im Deck auftreten können.

Die Lukenabdeckung wird meistens aus Holz hergestellt. Die Unterstützung der ⊔-Eisen erfolgt durch über das Lukensüll gehängte ⊤-Träger. Die Lukenabdeckplatten, die sämtlichen ⊔- und ⊤-Träger, sowie die Stützen sind zum Wegnehmen eingerichtet und werden in dem vorderen Raum oder auf Deck verstaut. Die Lukenabdeckplatten werden ca. 50 bis 60 cm breit, durch Verbolzen von mehreren Brettern, hergestellt.

19. Die Außenhaut und die Eiseneinlagen derselben. Die Stärke der Bodenplatten und Wände hängt zunächst von der Entfernung der Spanten bzw. Wrangen ab. Für Schiffe von mittlerer Größe wird die Spantenentfernung meistens 50 cm betragen. Die Plattenstärke wird 4 bis 6 cm betragen. Die Stärke der Platten ist sehr ausschlaggebend für das Eigengewicht des Schiffskörpers. Eiserne Schiffe besitzen eine Außenhaut von 6 bis 8 mm Stärke (Mittel 7 mm), das Gewicht beträgt pro Quadratmeter ∾ 60 kg. Rechnet man für die Eisenbetonplatten ein spezifisches Gewicht von 1500 kg/cbm (Leichtbeton mit Eisen), so ergibt sich, daß die Platten nur 4 cm stark sein dürfen. Wenn jedoch ein eiserner Schiffskörper 7 mm-Platten besitzt, so muß man dementsprechend etwa 5,5 bis 6 cm starke Eisenbetonplatten anordnen. Das größere Eigengewicht wird jedoch durch das geringere Gewicht von Spanten, Stringer, Wrangen usw. größtenteils wieder ausgeglichen. Die Außenhaut muß so stark sein, daß dieselbe starken Stößen Widerstand leisten kann. Auch die Scherkräfte dürfen dabei die Bruchgrenze nicht überschreiten.

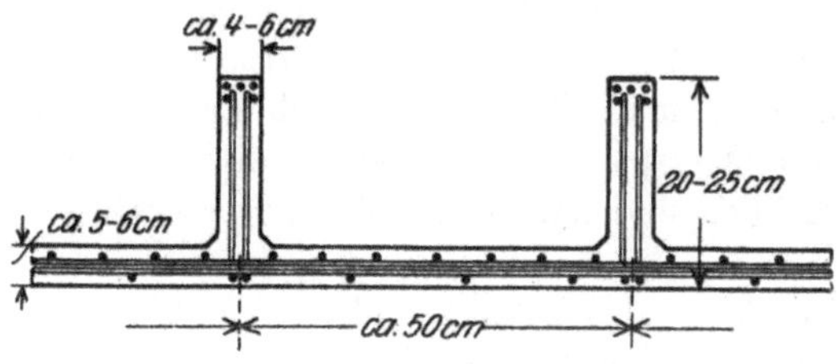

Abb. 41. Außenhaut mit Eiseneinlagen.

Um den Wasserdruck aufnehmen zu können, würde eine Stärke der Außenhaut von 2 bis 3 cm ausreichend sein. Solche dünne Platten würden einen starken Stoß auf eine kleine Fläche nicht aushalten können, weil eine Zertrümmerung des Betons eintritt. Die Außenhaut muß massiv und ohne Hohlräume, wenn möglich mit Vouten versehen sein. Auch ohne Putz und ohne Anstrich soll sie wasserdicht sein. Die Bodenplatten werden ca. 1 cm stärker als die Wandplatten hergestellt.

Die Bugplatten werden gegen Eisgang verstärkt, während die Wandplatten vom Hinterschiff ca. 1 cm schwächer gehalten werden können.

In der Wallschiene müssen die Wandplatten bedeutend stärker konstruiert werden. Die größten Kräfte kommen von außen. Man wird demzufolge etwa die Hälfte bis zu $^2/_3$ aller Eiseneinlagen aufbiegen. Um die Scherkräfte aufzunehmen, wird man bei mittleren und größeren Schiffen schräge (45°) Eiseneinlagen nach beiden Richtungen in den Wänden des Vorder- und Hinterschiffes anordnen. Die Eiseneinlagen in den Wänden und Boden müssen sehr lang sein (14 bis 16 m), damit diese gleichzeitig für den Längsverband benutzt werden können. Auch müssen diese Eiseneinlagen so verlegt werden, daß die Enden möglichst verschieden zu liegen kommen, so daß man von einem Stoß der Eiseneinlagen nicht mehr reden kann. Außerdem sollen diese Eisen ca. 0,50 m oder das 40fache des Eisendurchmessers übergreifen. Besonders in der Kimm und im Deck müssen die Eiseneinlagen versetzt werden und weit, zirka doppelt soviel, übereinander greifen. Die Voutenplatten können bedeutend größere Stoßkräfte aufnehmen, da diese als Gewölbe wirken.

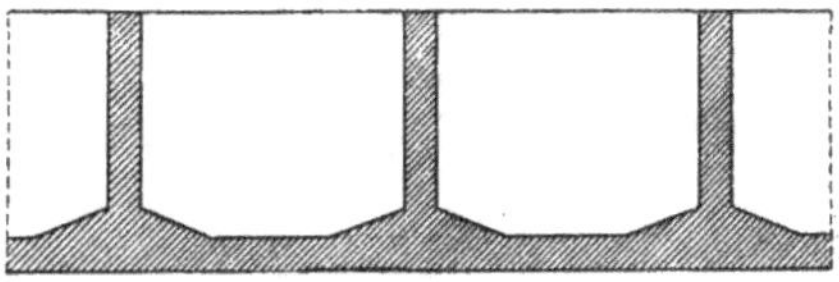

Abb. 42. Voutenplatte.

Die Decksplatten kann man 1 cm schwächer als die Wandplatten, also ca. 3,5 bis 4,5 cm stark halten. Die Decksplatten müssen an den Lukenecken durch Eiseneinlagen bedeutend verstärkt werden. Um die Schalungsarbeit nicht zu erschweren, erhalten sämtliche Platten meistens keine Vouten. Die Spannungen über den Stützen werden durch die doppelte Armierung aufgenommen. Wenn jedoch die Einschalung nicht bedeutend erschwert wird, so soll man Voutenplatten für Boden und Wände anordnen.

20. Aufgebogene Eisen in den Wandplatten zur Unterstützung der Scherkräfte. Die Wandplatten erhalten bei dem Querspantensystem

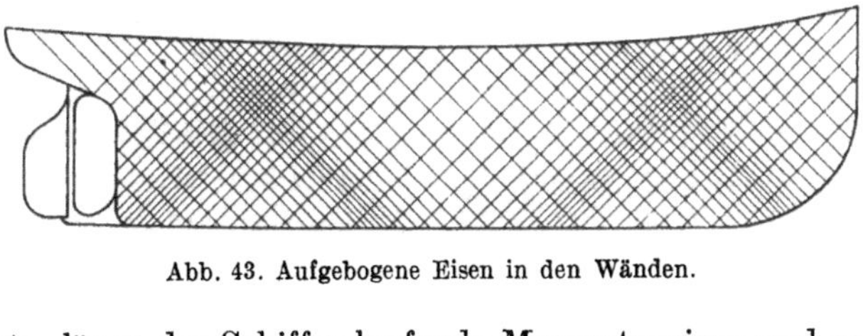

Abb. 43. Aufgebogene Eisen in den Wänden.

wagerechte, längs des Schiffes laufende Momenteneisen und senkrechte Verteilungseisen.

Beim Längsspantensystem laufen die Momenteneisen senkrecht und die Verteilungseisen wagerecht.

Die vertikalen Schubspannungen vereinigen sich mit den horizontalen Schubspannungen, welche unter einem Winkel von 45° wirken.

Um nun Scherrisse zu vermeiden, werden in den Wandplatten außerdem schräge Eisen in beiden Richtungen unter 45° netzartig eingelegt. Ein Teil der Eiseneinlagen kann aufgebogen und hierzu verwertet werden.

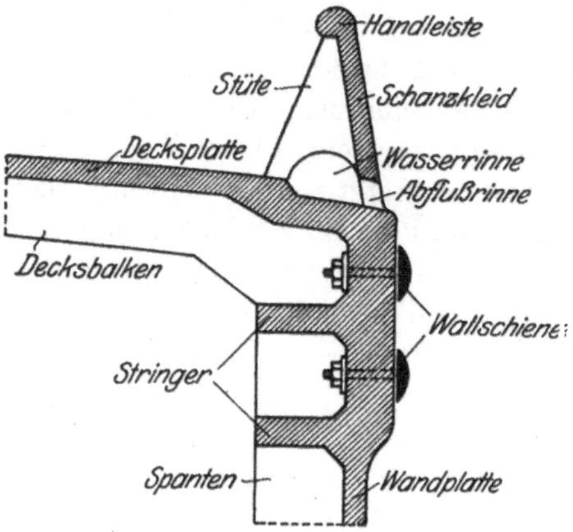

Abb. 44. Schanzkleid und Wallschiene.

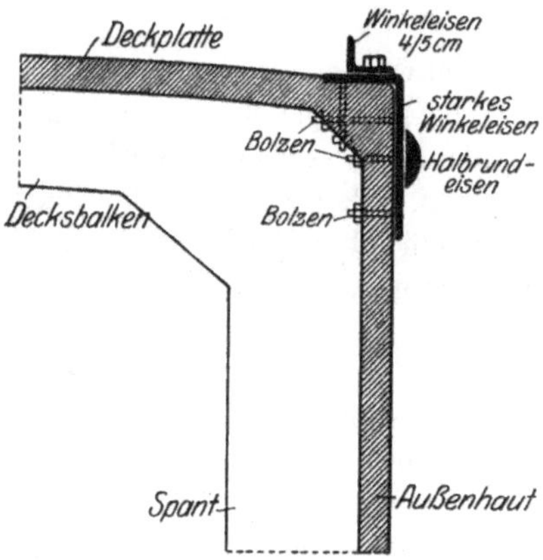

Abb. 45. Wallschiene.

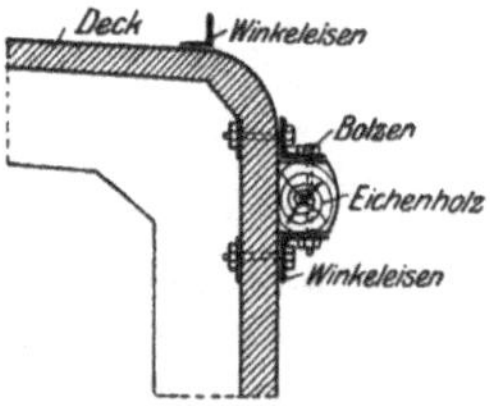

Abb. 46. Wallschiene.

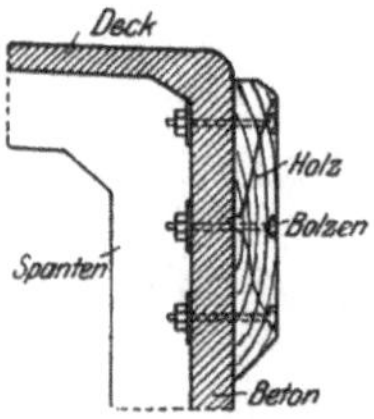

Abb. 47. Wallschiene.

Bei kleineren Schiffskörpern werden die Scherkräfte des Betons nicht überschritten. Außerdem verhindern auch die senkrechten und wagerechten Eiseneinlagen die Rißbildung, wenn auch die Kräfte erst in zwei Komponenten zerlegt werden müssen. Bei sehr langen Schiffen werden jedoch die Scherkräfte sehr groß, so daß es unbedingt erforderlich ist, außerdem noch schräge Eisen anzuordnen. Wenn dann ein Riß entstehen sollte, so müssen diese Schrägeisen erst zerrissen werden.

Wenn die Querspanten durch Stringer oder Längsspanten gut versteift sind, können die Spanten und Spanteneisen zur Aufnahme der Scherkräfte mit herangezogen werden; denn wenn Risse durch Scherkräfte entstehen sollten, so müssen auch die Scherspannungen in den Spanten überschritten werden.

21. Das Schanzkleid und die Wallschiene. Das Schanzkleid kann aus Eisenbeton oder Eisen hergestellt werden. Um das Schanzkleid vor Beschädigungen zu schützen, muß es zurückgesetzt werden; denn es kann nicht so stark hergestellt werden, daß es auch bedeutende Stoßkräfte aufnehmen kann. In Entfernung von ca. 1 bis 2 m muß das Schanzkleid dreieckige Stützen erhalten. Ecken und Kanten müssen· am Schanzkleid vermieden werden. Die Handleiste kann aus Eisen sein.

Für den Abfluß des Wassers auf Deck müssen Wasserrinnen und Abflußlöcher vorgesehen werden. Meistens werden Speigatrohre alle 4 bis 6 m eingebaut. Bei seegehenden Schiffen müssen außerdem noch eine Anzahl Sturzpforten vorgesehen werden.

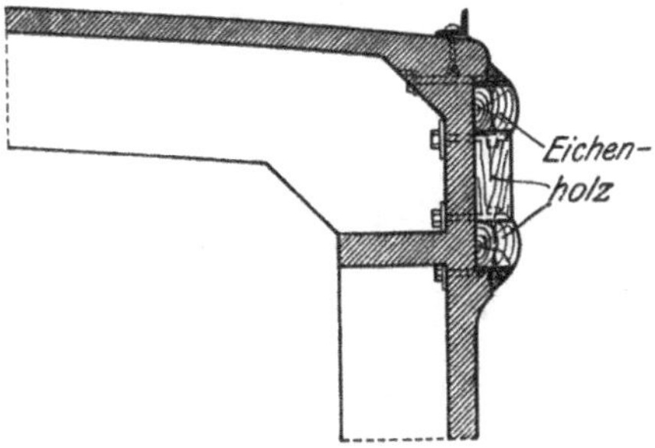

Abb. 48. Wallschiene.

Die Wallschienen aus Holz müssen mittels Winkeleisen und Bolzen befestigt werden. Wenn möglich, verbolzt man das Winkeleisen durch die Wände und schraubt hinten eine Mutter davor. Will man außerdem das Holz noch direkt befestigen, so muß es mittels Bolzen und Muttern festgeschraubt werden. Die Befestigung mit Steinschrauben soll man vermeiden, weil sich große Nachteile bei Reparaturen der Wallschiene daraus ergeben.

22. Das Hinterschiff. Die Form des Hinterschiffes richtet sich nach der Art des Schiffes. Die meisten Schiffe haben ein rundes Heck. Die

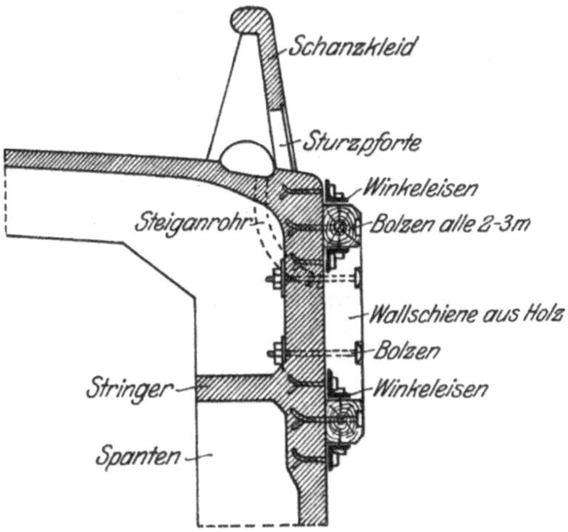

Abb. 49. Wallschiene.

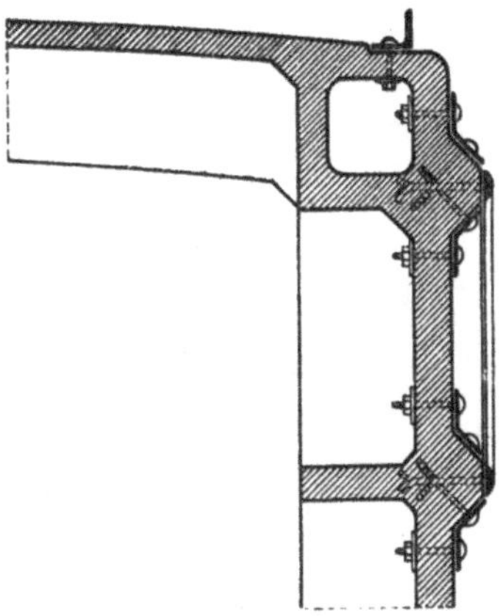

Abb. 50. Wallschiene.

Segelschiffe haben oft ein spitzes Hinterschiff, fast wie die Form des Vorderschiffes. Einige Schiffe sind hinten gerade und haben einen Spiegel; das Ruder wird bei diesen Schiffen mittels der Ruderpinne bewegt. Zur Durchführung des Ruderschaftes erhält das Heck eine rohrartige Durchbrechung, den Koker. Der Koker muß nach oben wasserdicht abgeschlossen sein.

Das Hinterschiff darf keine scharfen Formen haben; alle Teile müssen stark abgerundet werden. Die Schiffsform des Unterwasserschiffes muß jedoch unverändert bleiben.

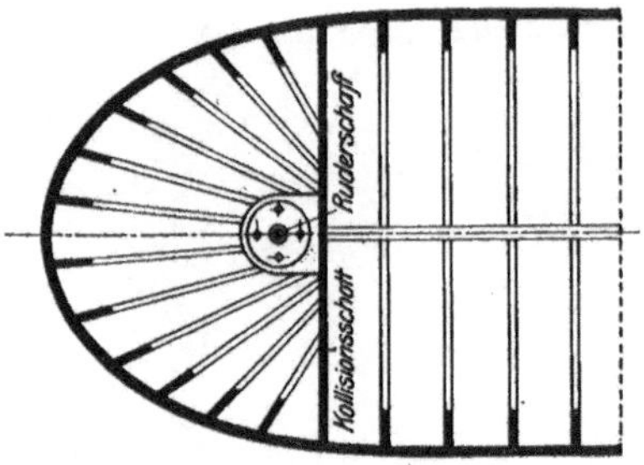

Abb. 51. Hinterschiff, Grundriß.

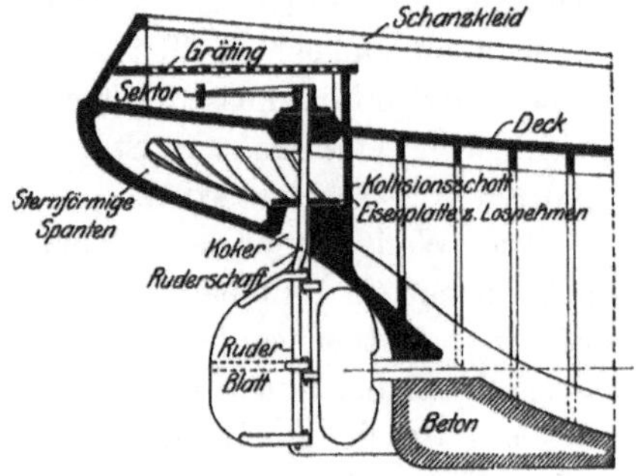

Abb. 52. Hinterschiff, Schnitt.

Die Eiseneinlagen des Längsverbandes vom Deck müssen um das Heck herumgeführt werden; diese Eisen bilden hier zugleich eine Ringverankerung.

Die runde Form des Hecks ist meistens durch die Steuereinrichtung und durch die Bewegung des Sektors bedingt.

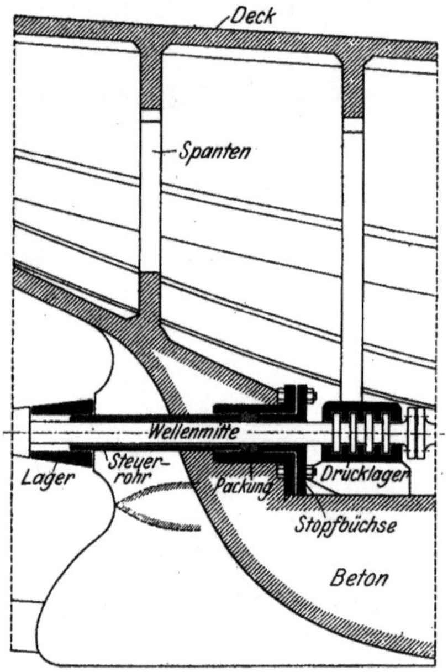

Abb. 53. Befestigung des Stevenrohres.

Es empfiehlt sich, die Spanten des Hecks strahlenförmig anzuordnen.

Das Hinterschiff ist weniger Stößen ausgesetzt als das Vorderschiff; Platten, Spanten, Bodenwrangen usw. können demnach schwächer gehalten werden.

23. Befestigung des Stevenrohres und Schraubenwellendichtung. Die Einschraubenschiffe erhalten zur Lagerung der Welle ein Stevenrohr. Das Stevenrohr wird sehr dicht mit Eiseneinlagen eingeschnürt und dann eingegossen. Die Bodenwrangen fallen, dort fort, um das Stevenrohr wird alles massiv aus Eisenbeton hergestellt.

Das Stevenrohr besteht meistens aus Gußeisen oder Schmiedeeisen und hat an der Schraubenseite ein Lager aus Metall und an der anderen Seite eine Stopfbüchse. Das Stevenrohr, welches sehr lang sein muß, ist vor dem Ausgießen genau einzurichten. Die Dichtung der Schraubenwelle erfolgt durch eine Packung in der Stopfbüchse.

Es ist ratsam, den unteren Teil der Maschine vorher einzubauen, festzuschrauben und mit der Welle zu verbinden und dann erst das Stevenrohr zu vergießen. Die Maschine kann dann wieder herausgenommen werden. Infolge der großen Länge des Stevenrohrs bilden sich keinerlei Schwierigkeiten, sowohl betreffs der Festigkeit als auch der Wasserdichtheit.

24. Wellentunnel. Der Wellentunnel ist erforderlich, wenn die Maschine in der Mitte des Schiffes steht oder hinter der Maschine sich noch ein Laderaum befindet. Der Wellentunnel geht durch den Laderaum und liegt störend in demselben. Man hat deshalb oft Maschine und Kessel oder den Motor nach hinten gelegt. Der Wellentunnel muß wasserdicht und verschließbar sein. Er wird einseitig um die Welle gebaut, um an der Seite einen Gang zu erhalten.

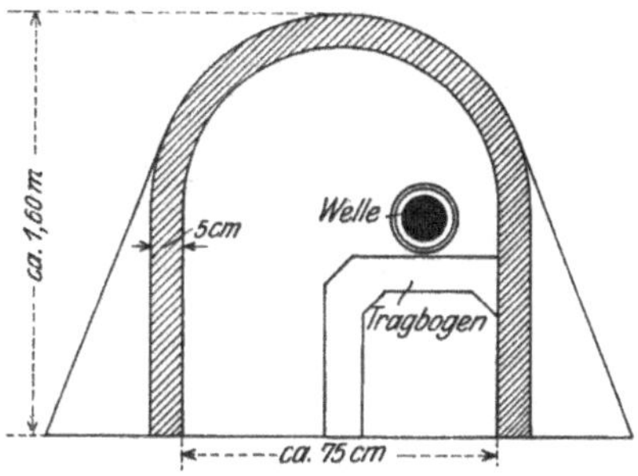

Abb. 54. Wellentunnel.

In entsprechenden Abständen befinden sich die Fundamente für die Traglager. Der Tunnel muß in gewissen Abständen versteift werden. Um den Laderaum nicht zu sehr zu beengen. wird die Decke des Tunnels halbkreisförmig hergestellt.

25. Wasserdichte Schotten und Rahmenspanten. Unter Schott versteht man eine Wand, welche senkrecht im Schiff steht. Man unterscheidet Querschotten und Längsschotten.

Jedes Schiff hat vorn und hinten ein Kollisionsschott, ferner Schotten zur Begrenzung des Maschinenraumes und der Laderäume. Größere Schiffe erhalten auch zwischen den Laderäumen Schotten. Wenn die Schottwände in solchen Abständen angeordnet werden, daß zwei nebeneinander befindliche Laderäume voll Wasser laufen können, ohne daß das Schiff sinkt, werden diese Schiffe als unsinkbar bezeichnet und erhalten das Zeichen .

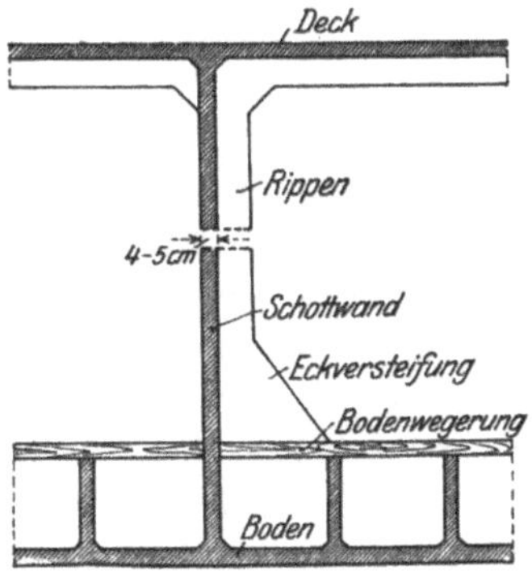

Abb. 55. Schotten und Rahmenspanten.

Für den Eisenbetonschiffbau haben die Schotten einen besonderen Wert, da sie dem Schiffe eine vorzügliche Verankerung und Querversteifung geben. Bei einer guten Schotteneinteilung können die Querspanten viel schwächer gehalten werden. Sind die Schotten sehr dicht nebeneinander regelmäßig angeordnet, so wird man keine Querspanten und keine Bodenwrangen bauen, sondern nur Längsspanten.

Die Schottwände müssen einem Wasserdruck von der Höhe der Wand Widerstand leisten. Es ist demzufolge notwendig, die Schottwände mit Rippen zu versehen. Die Schottwände wird man ca. 5 cm stark herstellen. Wenn die Berechnung hierbei höhere Spannungen ergibt, so wird man sich in diesem Falle mit einer geringeren Sicherheit begnügen. Um eine Einspannung der Rippen zu erzielen, werden unten eine Eckversteifung und oben Vouten angeordnet. Bei großen Schottwänden müssen diese Schottrippen durch einen oder mehrere Stringer gestützt werden.

Wenn es nicht erwünscht ist, in den Laderäumen Schotten anzuordnen, so wird man zur Erzielung eines guten Querverbandes in Abständen von ca. 2,50 bis 3 m Rahmenspanten anordnen. Die Schottwände und die Rahmenspanten dienen als Auflager für die Stringer und sollen vor allem den Querverband bilden. Sollen die Rahmenspanten die Schottwände vertreten, so soll man, wenn möglich, einen oberen Querriegel anordnen; denn sonst müssen die Rahmenspanten sehr hoch sein. Die Stärke von 5 cm wird hierzu immer ausreichen. Die Rahmenspanten müssen starke Eckversteifungen besitzen, damit die großen Eckmomente, infolge Stöße gegen die Wallschiene, aufgenommen werden können.

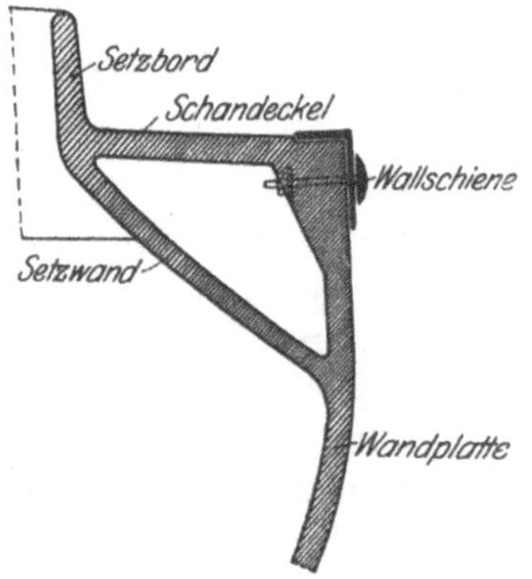

Abb. 56. Schandeckel und Setzwand.

Die Schottwände erhalten sehr zahlreiche, wagerechte Eisen, welche so lang sein müssen wie das Schiff breit ist. Jedes Eisen muß einen langen Haken erhalten und in die Außenhaut eingreifen. Außerdem werden senkrechte Verteilungseisen sehr dicht angeordnet. Man gibt den Wänden am besten eine kreuzweise und doppelte Eiseneinlage. Auch schräge Eiseneinlagen sind zur Vermeidung von Rißbildungen bei Grundberührungen zu empfehlen.

26. Verschiedenes. a) Damit beim Entladen eines Schiffes die Körbe oder das Stückgut nicht unter das Deck haken können, wird eine schräge Wand angeordnet. Ecken und Kanten sind zu vermeiden oder durch Schutzschienen zu sichern. Diese Wände kann man mittels Drahtgewebe nach Rabitzart herstellen. Der entstehende dreieckige Raum ist durch ein Mannloch zugänglich zu machen.

b) Die Wasserlöcher in den Bodenwrangen müssen genügend groß sein, meistens ca. 5 cm oder größer und werden mittels Formstücken hergestellt.

c) Schwitzen der Wohnräume ist nicht beobachtet worden, so daß eine Verschalung der Wände und der Decken nicht notwendig ist.

d) Die größeren Poller kann man auch aus Eisenbeton herstellen, wenn man dieselben mit ca. 4 bis 5 mm Blech bekleidet.

e) Masten stellt man aus Holz her. Man kann dieselben auch als hohle, umschnürte Eisenbetonmasten ausbilden.

f) Die Fischbünn, Bunkerwände, Trimmtanks, Frischwasserbehälter usw. werden sämtlich aus Eisenbeton hergestellt.

g) Die Kesselfundamente bestehen aus schmalen Rippen aus Eisenbeton, welche in ca. 1 m Abstand angeordnet werden. Der Kessel kann daher sehr tief zu liegen kommen, was auf die Stabilität Einfluß hat. Links und rechts vom Kessel ordnet man die Kohlenbunker an; meistens wird jedoch auch noch ein Querbunker erforderlich sein.

h) Als Fundamente der Maschine wird man meistens die Rippen der Bodenwrangen und der Kielschweine benutzen, und hierauf ein Trägerrost befestigen, welches ein großes Auflager bildet. Das Trägerrost wird mittels Steinschrauben nach unten mit den Bodenrippen befestigt, genau ausgerichtet und dann mit Zement untergossen. Nach oben wird dieses Trägerrost mit der Maschine verschraubt. Das Trägerrost muß so groß sein, daß das Drucklager mit darauf befestigt werden kann. Die Betonrippen und die Bodenplatten des Maschinenraumes erhalten einen ölfesten Anstrich.

Der Anstrich. Schiffe aus Eisenbeton erhalten meistens einen schwarzen Anstrich aus Steinkohlenteer, Black-Varnish usw.

IV. Theoretischer Schiffbau.

1. Zeichnerische Darstellung des Schiffskörpers. Die äußere Form des Eisenbetonschiffes muß unter Wasser genau so sein wie die eines eisernen Schiffes. Das Überwasserschiff kann kleine Abweichungen erhalten.

Es ist falsch, des größeren Eigengewichts wegen die Völligkeit des Schiffskörpers zu vergrößern oder das Schiff länger und breiter zu konstruieren. Ein etwas größeres Eigengewicht kann man ev. durch etwas größeren Tiefgang ausgleichen.

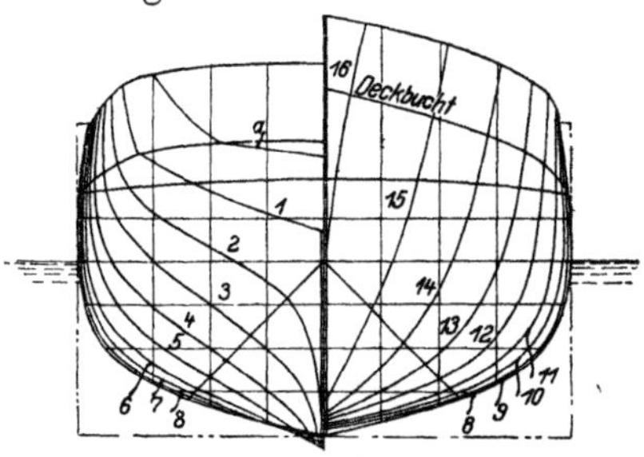

Abb. 57. Spantenriß eines Fischkutters.

Die Form des Schiffes wird durch den Linienriß festgelegt. Der Linienriß stellt die äußeren Begrenzungskurven des Schiffes dar.

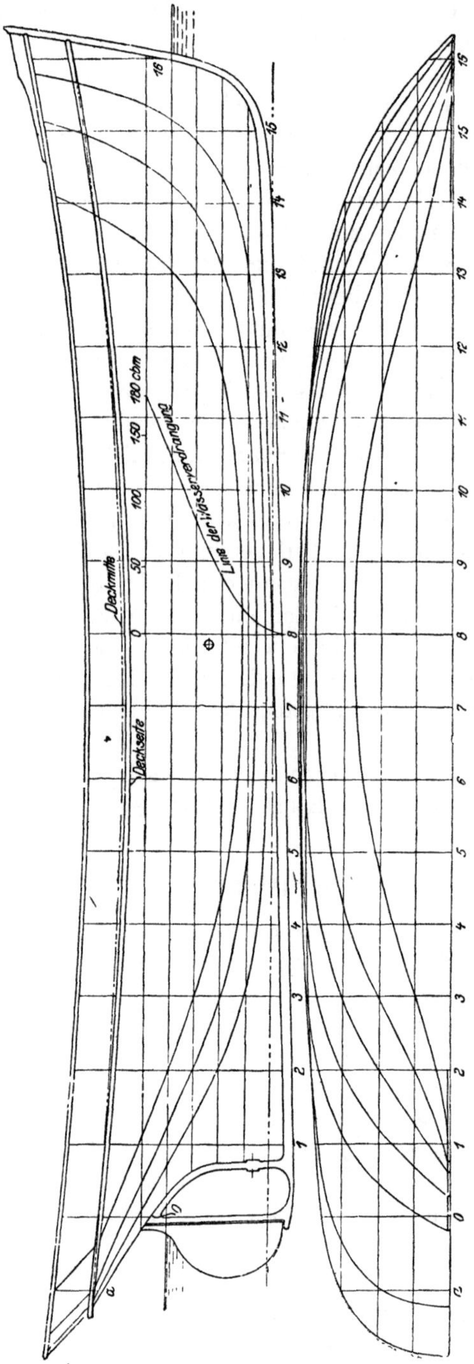

Abb. 58 und 59. Linienriß eines Fischkutters.

Man zeichnet zahlreiche Querschnitte (Spantenrisse) und Grundrisse (Wasserlinienrisse), die man mit einer Anzahl Längenschnitte gegenseitig in Übereinstimmung bringt, auf. Man legt dann außerdem noch zur Kontrolle sternförmig Senten, durch welche man besonders die Form über Eck und in der Kimm beurteilen ev. verbessern kann. Man zeichnet den Spantenriß im größeren Maßstab auf. Die Spanten müssen in denselben Entfernungen aufgezeichnet werden, wie man die hölzernen Lehrspanten aufstellen will, und zwar in Schiffsmitte ca. alle 1 m und vorn und hinten alle 50 cm. Über den Spantenriß legt man sich ein dichtes Liniennetz und trägt darin die Ordinaten und Abszissen ein.

Auf dem Schnürboden trägt man sich das Liniennetz in natürlicher Größe auf und zeichnet sich die Abstände ein, schlägt an diesen Punkten Nägel ein und reißt mittels einer biegsamen Latte sich die Lehrspanten auf.

In ähnlicher Weise reißt man sich auch die Form des Vorder- und Hinterstevens auf.

Hat man die Lehrspanten aufgestellt und oben in der richtigen Höhe des Decks abgeschnitten, so nagelt man oben ein Brett auf, welches genau die Grundrißform des Decks hat. Dieses Brett wird nach dem Sprung und der Deckslinie des Schiffes gebogen.

Abb. 60. Aufstellung der Lehrspanten.

Das Heck reißt man strahlenförmig auf und stellt die Lehrspanten etwas dichter auf.

Der Spantenriß muß sich also den Entfernungen der Lehrspantenbretter anpassen.

Abb. 61. Lehrspanten aufgestellt.

Damit sich die Schalbretter genau der Form anpassen, werden sehr dünne und schmale Bretter verwendet, was nur möglich ist, wenn die Lehrspanten ca. alle 50 cm (in der Mitte ca. 1 m) aufgestellt werden.

Im Spantenriß müssen demzufolge die Spanten alle 50 cm bzw. alle 1 m dargestellt werden.

2. Hauptabmessungen des Schiffes. a) Die Länge. Man unterscheidet erstens die Länge zwischen den Loten oder Perpendikeln $= L$, zweitens die Länge über alles, drittens die Berechnungslänge $= L_1$. Die Länge zwischen den Loten wird zwischen zwei senkrecht zur Konstruktionswasserlinie (KWL) stehenden Geraden, den Loten oder Perpendikeln, gemessen.

b) Die Breite $= B$ wird von der Außenkante der Platten im Hauptspant ohne Wallschiene gemessen.

B_1 · Breite in der Wasserlinie.

Die Seitenhöhe H wird gemessen von Oberkante Kiel bis Hauptdeck.

Der Tiefgang wird gemessen vom tiefsten Punkt des Schiffes bis zur Schwimmebene.

Die Raumtiefe wird gemessen von dem höchsten der Raumdeckbalken, also einschließlich Balkenbucht, bis Doppelboden Oberkante.

Jeder Schiffstyp hat ein bestimmtes Verhältnis der Länge zur Breite $= \frac{L}{B}$; und ein bestimmtes Verhältnis des Tiefgangs zur Breite $= \frac{T}{B}$; ferner $\frac{T}{H}$ und $\frac{L}{H}$. Die Formverhältnisse sind in der Praxis des Eisenschiffbaues jahrelang ausprobiert worden, so daß man neue Formen nicht zu suchen braucht. Man soll demnach dem Eisenbetonschiff dieselbe Form und Größe wie die eines eisernen Schiffes geben.

Der Widerstand eines Schiffskörpers im Wasser ist abhängig von der Form desselben und von der Glätte der Oberfläche. Das Material hat also keinen Einfluß auf den Schleppwiderstand. Stellt man Eisenbetonschiffe nach demselben Linienriß her wie eiserne Schiffe und glättet die Außenhaut gut ab, so wird man mindestens dieselbe Geschwindigkeit erzielen als mit einem eisernen Schiff. Ecken und Kanten müssen dabei vermieden werden, weil diese sich nicht für Eisenbeton eignen und die Reibung im Wasser durch Abrundungen geringer wird. Über der Wasserlinie kann man die Form ändern, doch soll man auch für gute Linienführung sorgen und plumpe Formen vermeiden.

Die Zusammenstellung von Formverhältniswerten für einzelne Schiffsgattungen findet man in Form von Tabellen.

1. Im „Schiffbau" von Dipl.-Ing. H. Herner, Bibliothek der gesamten Technik, Band 156, Verlag von Dr. Max Jänecke, Leipzig.

2. „Hütte", 11. Teil, Ingenieur-Taschenbuch, Verlag von Wilhelm Ernst & Sohn, Berlin.

3. Johow-Krieger, Hilfsbuch für den Schiffbau, Verlag von Julius Springer.

Diese Tabellen können ohne weiteres benutzt werden. Auch die Völligkeitsgrade des Schiffes, des Hauptspantes und des Grundrisses kann man daraus benutzen.

Beispiel: Für ein Schiff von 20 m Länge, 5 m Breite und 1,60 m Tiefgang ergibt sich der Völligkeitsgrad der Wasserverdrängung $\delta = 0{,}68$.

Die Wasserverdrängung ist demnach:

$$20 \cdot 5 \cdot 1{,}60 \cdot 0{,}68 = 109 \text{ cbm}.$$

3. Entwurfsberechnung und Zusammenstellung der Gewichte. Die Wasserverdrängung ist genau so groß wie die Summe aller Gewichte.

Zum Schiffsgewicht gehört:

a) Eigengewicht des Schiffskörpers und der Aufbauten.
b) Innere Einrichtung und Deckseinrichtung, Ladeluken usw.
c) Ausrüstung, Takelage, Anker, Ketten, Boote und Inventar.
d) Kohlen zur Heizung, Brennstoff für Motoren, Reserve- und Ersatzmaterial zur Instandhaltung.
e) Maschinen und Kesselanlage mit Hilfsmaschinen, Wasser, Rohrleitung und Reserveteile.
f) Mannschaft mit Proviant, Trinkwasser und Effekten.
g) Holz und Kohlen für die Küche.
h) Die Ladung.
i) Passagiere mit Gepäck usw.
k) Wasserballast.

Das Wesentlichste besteht darin, möglichst genau das Eigengewicht des Eisenbetonschiffskörpers zu bestimmen. Auch hierüber hat man im Eisenschiffbau genaue Werte, welche in Form von Tabellen in den im vorigen Absatz genannten Werken zu finden sind.

Konstruiert man nun Eisenbetonschiffe aus Kiesbeton, so muß man zu diesen Werten ca. 50% zuschlagen, baut man aus Leichtbeton mit kleiner Spantenentfernung, so kann man bei größeren Schiffen dieselben Werte wie bei eisernen Schiffen wählen. Nur für kleinere Schiffe muß man ca. 10% zuschlagen.

Beispiele: Leichter 35 m lang, 7,50 m breit, 3 m hoch.

$$p = 0{,}18.$$

Das Eigengewicht des Schiffskörpers ist:

$$35 \cdot 7{,}50 \cdot 3 \cdot 0{,}18 = 142 \text{ t}.$$

4. Einige Werte von p und δ (Eigengewicht des Schiffskörpers und Wasserverdrängung von Schiffen).

1. Schute von 80 bis 100 t Tragfähigkeit.
   21 m lang, 5,25 m breit, 1,75 m Tiefgang, Höhe 2 m.

$$\delta = 0{,}65; \qquad p = 0{,}16 .$$

   Die Wasserverdrängung ist demnach:

$$21\ \text{m} \cdot 5{,}25 \cdot 1{,}75 \cdot 0{,}65 = 125\ \text{cbm}.$$

   Das Eigengewicht:

$21 \cdot 5{,}25 \cdot 2 \cdot 0{,}16$	$= 35{,}5$ t
Ausrüstung, Bugdielen	$= 4{,}5$ t
	40,0 t.

   Tragfähigkeit: 125 — 40 = 85 t.
   Freibord 25 cm.

2. Leichter von 300 t Tragfähigkeit.
   35 m lang, 7,50 m breit, 3 m hoch, 2,40 m Tiefgang, 60 cm Freibord.

$$\delta = 0{,}72; \qquad p = 0{,}18 .$$

Wasserverdrängung: $35 \cdot 7{,}50 \cdot 2{,}40 \cdot 0{,}72$ . . . =	453 cbm
Eigengewicht: $35 \cdot 7{,}50 \cdot 3 \cdot 0{,}18$ . . . . =	142 t
Einrichtung und Ausrüstung, Wegerung und Lukendeckel . . . . =	11 t
Tragfähigkeit =	∾ 300 t

3. Leichter von 650 t Tragfähigkeit.
   47 m lang, 8,35 m breit, 3,85 m hoch, 3 m Tiefgang, 0,85 m Freibord.

$$\delta = 0{,}78; \qquad p = 0{,}165 .$$

Wasserverdrängung: $46{,}50 \cdot 8{,}35 \cdot 3 \cdot 0{,}78$ . . . =	∾ 910 cbm
Eigengewicht: $46{,}5 \cdot 8{,}35 \cdot 3{,}85 \cdot 0{,}165$ . . . . . . =	248 t
Einrichtung und Ausrüstung usw. . . . . =	12 t
Tragfähigkeit =	∾ 650 t

   Der Laderaum muß $\frac{650}{0{,}7} = 930$ cbm groß sein.

4. Motorschiff von 200 t Tragfähigkeit.
   Länge = 35 m, Breite = 6 m, Höhe = 3 m, Tiefgang = 2,50 m, Freibord = 50 cm, Motor = ca. 180 PS.

$$\delta = 0{,}70; \qquad p = 0{,}20 .$$

Wasserverdrängung: $35 \cdot 6 \cdot 2{,}50 \cdot 0{,}70$	= 368 cbm
Eigengewicht: $35 \cdot 6 \cdot 3 \cdot 0{,}20$	= 126 t
Motor und Rohöl zusammen	= 20 t
Einrichtung und Ausrüstung usw.	= 22 t
Tragfähigkeit ∾	= 200 t

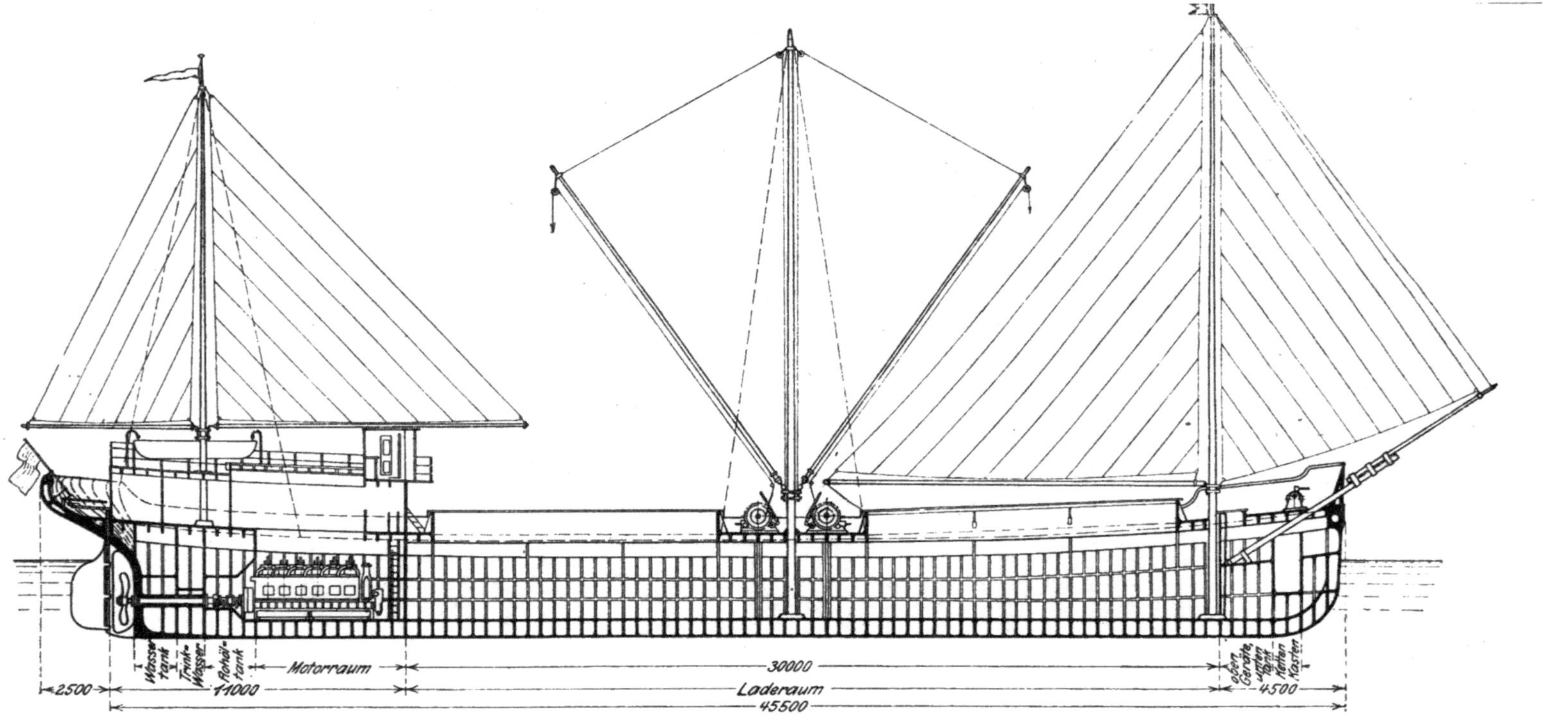

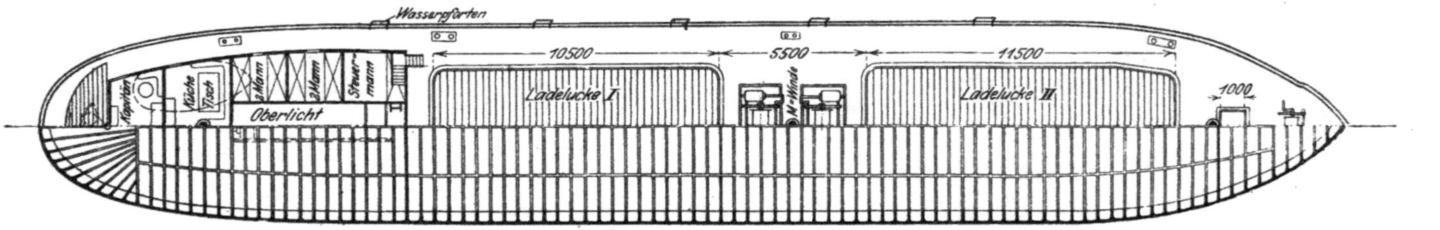

Abb. 62 (oben). Motorfrachtschiff 400 t, Längsschnitt. Abb. 63 (unten). Motorfrachtschiff 400 t Trgf., Grundriß.

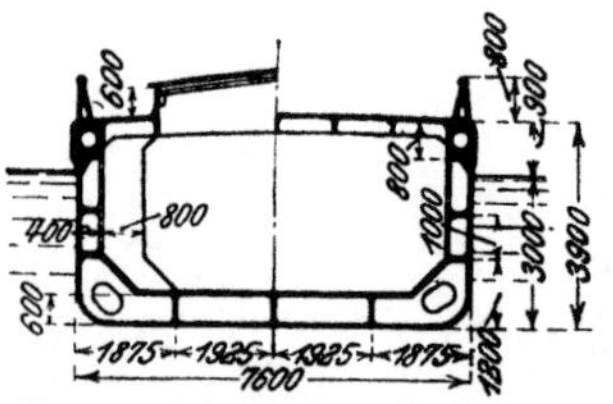

Abb. 64. Motorfrachtschiff 400 t Trgf., Hauptspant.

5. Motorfrachtschiff von 400 t Tragfähigkeit.

Länge = 45,50 m, Breite = 7,50 m, Höhe = 3,75 m, Tiefgang = 3 m, Freibord = 75 cm, Motor = 300 PS, Geschwindigkeit = ca. 8 kn.

$$\delta = 0{,}70; \qquad p = 0{,}185.$$

Wasserverdrängung: $45{,}5 \cdot 7{,}50 \cdot 3 \cdot 0{,}70$	= 717 cbm
Eigengewicht: $45{,}5 \cdot 7{,}50 \cdot 3{,}75 \cdot 0{,}185$ . . . . . ∾	= 240 t
Motor 15 t + Rohöl 35 t.	= 50 t
Einrichtung und Ausrüstung usw. . . . . . . ∾	= 27 t
Tragfähigkeit ∾	= 400 t

6. Motorfrachtschiff von ∾800 t Tragfähigkeit.
Länge = 56,50 m, Breite = 8,65 m, Tiefgang = 4 m, Höhe = 4,50 m, Motoren = 500 PS.

$$\delta = 0{,}70; \qquad p = 0{,}180.$$

Wasserverdrängung: $56{,}50 \cdot 8{,}65 \cdot 4 \cdot 0{,}70$ . .	= 1370 cbm
Eigengewicht: $56{,}50 \cdot 8{,}65 \cdot 4{,}50 \cdot 0{,}180$ . . . ∾	= 400 t
Motoren und Rohöl	= 100 t
Einrichtung und Ausrüstung usw.	= 50 t
Tragfähigkeit	= 800 t

Geschwindigkeit = 9 kn.

$$\text{Laderaum} = \frac{800}{0{,}70} = 1145 \text{ cbm}.$$

7. Motorfrachtschiff von 1600 t Tragfähigkeit.
Länge = 76,50 m, Breite = 11 m, Höhe = 5,4 m, Tiefgang = 4,60 m, Motoren = ca. 100 PS, Freibord = ca. 80 cm.

$$\delta = 0{,}70; \qquad p = 0{,}17.$$

Wasserverdrängung: $76\ 5 \cdot 11 \cdot 4{,}60 \cdot 0{,}70$	= 2720 cbm
Eigengewicht: $76{,}5 \cdot 11 \cdot 5{,}40 \cdot 0{,}17$	= 775 t
Motoren und Rohöl	= 225 t
Einrichtung und Ausrüstung usw.	= 120 t
Tragfähigkeit	= rund 1600 t

8. Motorfrachtschiff von 3200 t Tragfähigkeit.
Länge = 96 m, Breite = 13,70 m, Höhe = 7 m, Tiefgang = 6,10 m, Freibord = 90 cm.

$$\delta = 0{,}715; \qquad p = 0{,}165.$$

Wasserverdrängung: 96 · 13,70 · 6,10 · 0,715 . .	= 5750 cbm
Eigengewicht: 96 · 13,70 · 7 · 0,165	= 1550 t
Motoren und Rohöl, 2000 PS usw.	= 650 t
Einrichtung und Ausrüstung	= 350 t
Tragfähigkeit	= rund 3200 t

9. Motorfrachtschiff von 6500 t Tragfähigkeit.
Länge = 113 m, Breite = 17 m, Höhe = 9 m, Tiefgang = 8 m, Motoren ca. 4000 PS, Freibord = 1 m.

$$\delta = 0{,}72; \qquad p = 0{,}16\,.$$

Wasserverdrängung: 113 · 17 · 8 · 0,72 . . .	= 11 060 cbm
Eigengewicht: 113 · 17 · 9 · 0,16	= 2 780 t
Motoren und Rohöl . . . . ∾	= 1 300 t
Einrichtung und Ausrüstung usw. . . . . ∾	= 480 t
Tragfähigkeit	= rund 6 500 t

10. Fischkutter.
Länge = 16 m, Länge über alles = 18 m, Breite = 5,60 m, Höhe = 2,30 m, Tiefgang in der Mitte = 1,40 m, Tiefgang hinten = 1,80 m, Tiefgang vorn = 1,00 m, Motor ca. 20 PS, Fischbünn ca. 3 m lang = ∾ 12 cbm.
Motor = 3 t, Bünn = 12 t, Einrichtung und Ausrüstung = 15 t, Eis oder Fische = 5,5 t.
Völligkeitsgrad = 0,56; p = 0,165.
Wasserverdrängung: 16 · 5,60 · 1,40 · 0,56 = 70 cbm.
Eigengewicht: 16 · 5,60 · 2,30 · 0,165 = 34,5 t.

11. Fischkutter.
Länge = 23 m, Länge über alles = 25,30 m, Breite = 7,30 m, Höhe = 2,80 m, Tiefgang (Mitte) = 2 m, Freibord = 100 cm.
Motor 40 PS = 5 t; Fischbünn ca. 5 m lang ∾ = 30 t.
Einrichtung und Ausrüstung ca. 15 t; Eis oder Fische 10 t.
Völligkeitsgrad = 0,5; p = 0,17.
Wasserverdrängung: 23 · 7,30 · 1,80 · 0,50 = 150 cbm.
Eigengewicht: 23 · 7,30 · 2,80 · 0,170 = 80 t.

12. Kleiner Fischdampfer.
Länge = 22 m, Länge über alles = 24,50 m, Breite = 6 m, Seitenhöhe = 2,80 m, Tiefgang vorn = 2 m, hinten = 2,20 m.
Maschine 50 PS, Gewicht des Kessels und der Maschine = 16 t, Bünnraum 5 m lang ca. 20 t.
Einrichtung und Ausrüstung ca. 15 t; Eisraum oder Fische = 10 t; Frischwasser = 2 t; Speisewasser = 8 t; Kohlenbunker = 12 t.
Völligkeitsgrad = 0,56; p = 0,175.
Wasserverdrängung: 22 · 6 · 2 · 0,56 = 148 t.
Eigengewicht: 22 · 6 · 2,80 · 0,175 = 65 t.

13. Fischdampfer.

31 m lang, 6,70 m breit, Seitenhöhe 4,10 m, Länge über alles 33,50, Tiefgang (beladen) vorn 2,75 m, in der Mitte 3,25 m, hinten 3,75 m.

Maschine 250 PS, Kessel 92 qm Heizfläche.

Ladung: 30 t Fische, 80 t Kohlen, Trimmtank vorn 12 cbm, Trimmtank hinten 15 cbm, Speisewasser 14 cbm, Frischwasser ca. 10 cbm.

Völligkeitsgrad 0,56, $p = 0,18$, Gewicht des Kessels und der Maschine ca. 60 t.

Gewichte: Einrichtung und Ausrüstung usw. $\backsim$ 30 t, Geschwindigkeit ca. 9 kn.

Wasserverdrängung: $31 \cdot 6,70 \cdot 3,25 \cdot 0,56 = 378$ cbm.

Eigengewicht des Schiffskörpers: $31 \cdot 6,70 \cdot 4,10 \cdot 0,18 = 153$ t.

14. Fischdampfer.

35 m lang, 6,70 m breit, 4.10 m hoch, Länge über alles 38 m, Tiefgang (beladen) vorn 2,65 m, hinten 3,85 m, in der Mitte 3,25 m.

Maschine 350/400 PS, Gewicht von Kessel und Maschine 80 t.

Ladung: 30 t Fische, 35 t Kohlen, Speisewasser und Frischwasser 25 t.

Völligkeitsgrad = 0,56; $p = 0,18$; Gewicht der Einrichtung und Ausrüstung $\backsim$ 30 t; Geschwindigkeit ca. 11,5 kn.

Wasserverdrängung: $35 \cdot 6,70 \cdot 3,25 \cdot 0,56 = 428$ cbm.

Eigengewicht des Schiffskörpers: $35 \cdot 6,70 \cdot 4,10 \cdot 0,18 = 173$ t.

15. Fischdampfer.

39 m lang, 7,25 m breit, 4,25 m hoch, Tiefgang beladen in der Mitte 3,40.

Maschine ca. 400 PS, Gewicht des Kessels und der Maschine = 80 t.

Ladung 50 t Fische, 120 t Kohlen, Tankwasser zus. 40 t.

Gewicht der Einrichtung und Ausrüstung 35 t.

Völligkeitsgrad = 0,56, $p = 0,18$; Geschwindigkeit ca. 10 km.

Wasserverdrängung: $39 \cdot 7,25 \cdot 3,49 \cdot 0,56 = 538$ cbm.

Eigengewicht: $39 \cdot 7,25 \cdot 4,25 \cdot 0,18 = 214$ t.

16. Segelschiff von 800 t Tragfähigkeit.

Länge 56 m, Breite 10 m, Tiefgang 4,30 m, Höhe 5,70 m, Freibord 1,40 m, gesamte Segelfläche rund 1450 qm.

Gewicht der Einrichtung und Ausrüstung usw. 85 t.

Wasserverdrängung: $56 \cdot 10 \cdot 4,3 \cdot 0,6 = 1445$ t.

Eigengewicht: $56 \cdot 10 \cdot 5,70 \cdot 0,175 = 560$ t.

17a. Ponton.

18,50 m lang, 3 m breit, 1,65 m hoch, ca. 1 m Freibord, $p = 0,365$; Tiefgang = 0,60 m.

Eigengewicht: $18,50 \cdot 3 \cdot 1,65 \cdot 0,365 = 33,40$ t.

Wasserverdrängung: $18,50 \cdot 3 \cdot 0,60 = 33,40$ cbm.

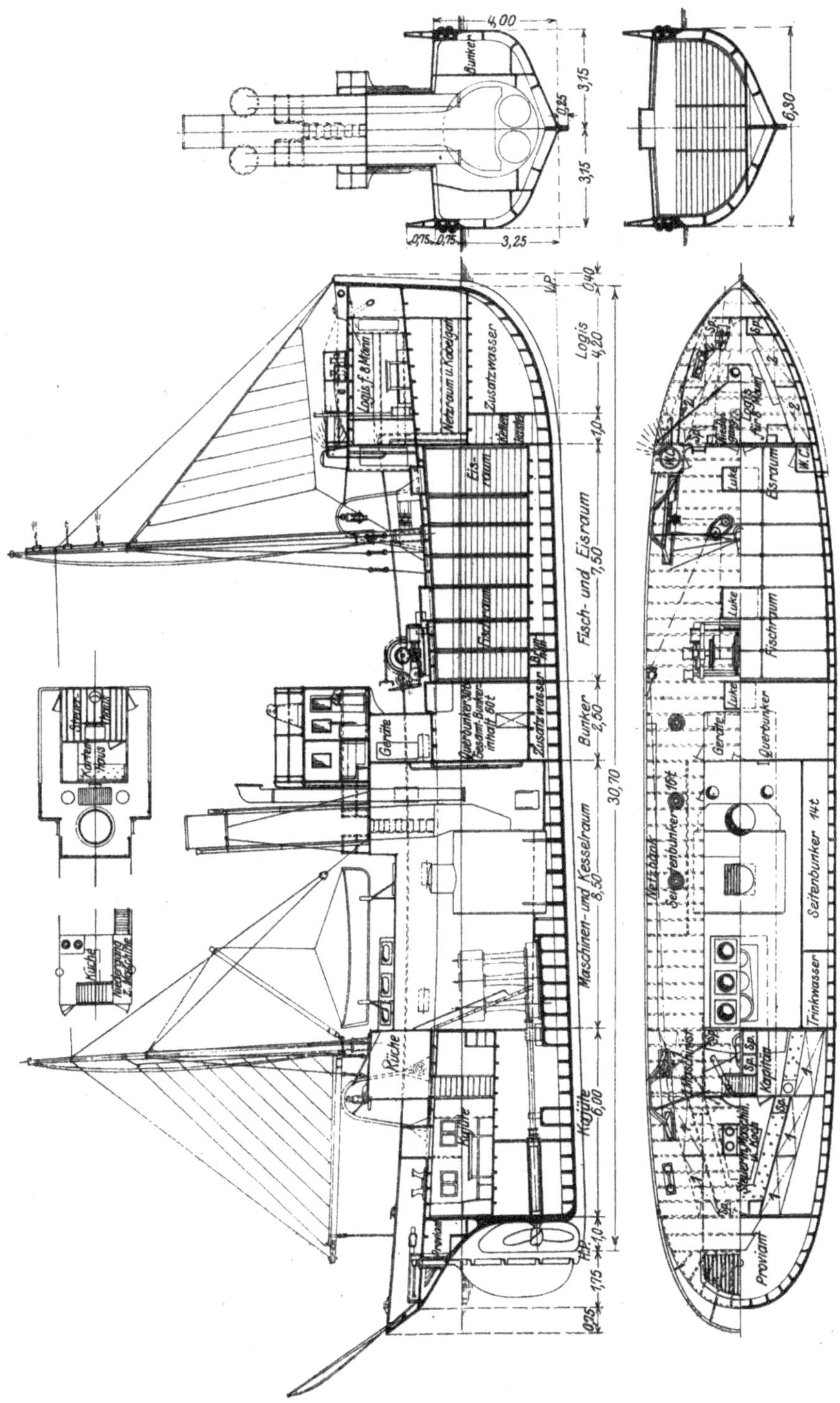

Abb. 65. Fischdampfer 31 m lang.

17b. Ponton.

30 m lang, 5 m breit, 2,10 m hoch, Tiefgang 70 cm, $p = 0{,}325$; Freibord = 1,40 m.

Eigengewicht: 30 m · 5 · 2,15 · 0,325 = 105 t.

Wasserverdrängung: 30 · 5 · 0,70 = 105 cbm.

18. Hebeponton, Grundheber, Tragfähigkeit 250 t.

Länge 22 m, Breite 5,20 m, Höhe 3,50 m.

Wasserverdrängung: 22 · 5,20 · 3,50	= 400 cbm
Eigengewicht: 22 · 5,20 · 3,50 · 0,34	= 136 t
Restwasser usw. . . . . ∾	= 14 t
	Tragfähigkeit = 250 t

19. Schwimmdock für 20 t Tragfähigkeit pro lfd. m = 1800 t Tragfähigkeit.

Länge 90 m, Breite 20,60 m, lichte Breite = 15 m, Höhe des Schwimmkastens 3 m, Gesamthöhe 10 m, Aufkimmung 80 cm, Höhe über Pontondeck = 7 m, Freibord = 0,40 m, $p = 0{,}415$.

Mittlere Höhe: $3 - \left(0{,}40 - \frac{0{,}20}{2}\right) = 2{,}20$ m.

Wasserverdrängung: 2,20 · 90 · 20,60.	= 4080 t
Eigengewicht: 2,60 · 90 · 20,60 · 0,415	= 2000 t
Maschinen, Pumpen, Einrichtung und Ausrüstung usw.	= 280 t
	Tragfähigkeit 1800 t

20. Schwimmdock für 80 t Tragfähigkeit pro lfd. m = 5760 t Tragfähigkeit.

Länge = 72 m, Breite = 34 m, lichte Breite = 25 m, Höhe des Schwimmkastens = 5,45 m, Gesamthöhe = 15,50 m, Aufkimmung = 1,30 m, Freibord = 50 cm, $p = 0{,}38$.

Mittlere Höhe $= 5{,}45 - \left(50 + \frac{1{,}30}{2}\right) = 4{,}30$ m.

Wasserverdrängung: 4,30 · 34 · 72	= 10 520 cbm
Eigengewicht: 4,80 · 34 · 72 · 0,38	= 4 500 t
Maschinen, Pumpen, Einrichtung und Ausrüstung	= 360 t
Tragfähigkeit 80 t pro lfd. m	= 5 760 t

Anmerkung: Im Werte $p = 0{,}38$ sind die Seitenkasten enthalten.

21. Baggerschute für 150 t = ca. 100 cbm (für schweren Boden = 75 cbm).

Länge = 25,50 m, Breite = 6,40 m, Höhe = 2 m.

Tiefgang beladen ca. 1,80 m.

Tiefgang leer: $\frac{65\ \text{t}}{120\ \text{qm}} = 0{,}54$ m.

An wasserdichten Hohlräumen sind vorhanden:

$$138 \cdot 1{,}80 = 248 \text{ cbm} - (12 + 73) = 163 \text{ cbm},$$

von spez. Übergewicht der Ladung sind zu tragen . .	75 t
Eigengewicht	67 t
vorhanden ein Plus von 21 t	142 t

Wasserverdrängung: [(25,50 · 6,30 · 0,75) — 6 · 3] · 1,80	= 217 cbm
Eigengewicht: 25,50 · 6,30 · 2 · 0,20	= 65 t
Ausrüstung usw.	= ∾ 2 t
Tragfähigkeit	= 150 t

22. Donauschleppkahn 700 t Tragfähigkeit.
Länge = 63 m, Breite = 8,20 m, Höhe = 2,35 m, Tiefgang bei 700 t = 2 m, Freibord = 35 cm.
Einrichtung und Ausrüstung = ∾ 16 t.
Völligkeitsgrad = 0,84; $p = 0{,}125$.

Wasserverdrängung: 63 · 8,20 · 2 · 0,84	= 870 cbm
Eigengewicht: 63 · 8,20 · 2,35 · 0,125	= 152 t
Einrichtung und Ausrüstung	= 18 t
Tragfähigkeit	= 700 t

$$\text{Tiefgang leer} = \frac{190 \text{ t}}{435 \text{ qm}} = \sim 45.$$

23. Frachtdampfer 2000 t Tragfähigkeit.
Kohlen für 14 Tage, Geschwindigkeit 10 kn.
Länge = 88 m, Breite = 11,60 m. Tiefgang = 5,25 m, Höhe = 6 m, Völligkeitsgrad = 0,72.
Maschine 1150 PSi = 95 t; Kessel 145 t; Welle usw. 15 t.

Schiffskörper: 88 · 11,60 · 6 · 0,22	= 1350 t
Maschine und Kessel 1150 PSi · 0,23	= 255 t
Kohlen	= 250 t
Ladung	= 2000 t
Wasserverdrangung: 88 · 11,60 · 5,25 · 0,72	= 3855 t

24. Barkasse Tragfähigkeit 20 t bis 30 t.
Länge = 16,90 m, Breite = 3,50 m, Seitenhöhe = 1,80 m, Aufkimmung = 20 cm, Tiefgang beladen mit 20 t = 1,10 m. Freibord ca. 60 cm, Tiefgang beladen mit 30 t = 1.35 m, Freibord ca. 35 cm.

Wasserverdrängung: 16,90 · 3,50 · 1.10 · 0,65.	= 42,2 t
Eigengewicht: 16,90 · 3,50 · 1,80 · 0,16	= 17 t
Motor, Einrichtung und Ausrüstung	= 5,2 t
Tragfahigkeit	= 20 t

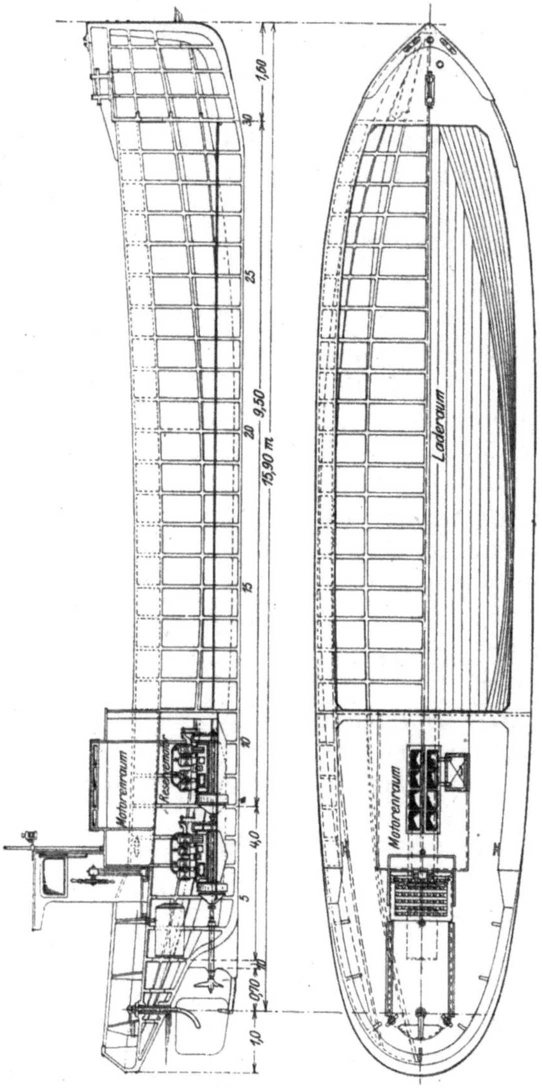

Abb. 66. Barkasse. Längsschnitt, Grundriß und Aufsicht.

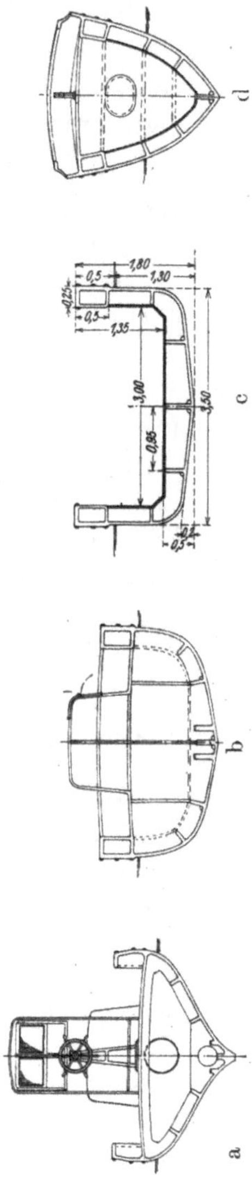

Abb 67. a, b, c u. d Querschnitte der Barkasse.

5. Geschwindigkeitsberechnung, erforderliche PS und Widerstand der Schiffe. Bezeichnet man mit v die Geschwindigkeit des Schiffes in kn, die eingetauchte Hauptspantfläche mit X in qm, so ist nach einer französischen Formel:

$$v = m\sqrt[3]{\frac{\text{PSi}}{X}} \qquad \text{oder} \qquad \text{PSi} = \frac{v^3}{m^3}X\,,$$

wobei m^3 ein Wert zwischen 2^3 bis 4^3 ist.

Beispiel: Fischdampfer 35 m lang, 6,70 m breit und 4,10 m hoch, eingetauchte Hauptspantfläche 17,35 qm, Maschine 400 PS, $m^3 = 38$

$$v = 38\sqrt[3]{\frac{400}{17,35}} = 10,8 \text{ kn}$$

nach einer englischen Formel ist:

$$\text{PSi} = \frac{v^3 \cdot D^{\frac{2}{3}}}{C},$$

worin C ein Wert zwischen 100 bis 400 und D die Wasserverdrängung des Schiffes ist.

Also bei $D = 428$ t; $C = 180$ erforderlich:

$$\text{PS} = \frac{10,8^3 \cdot 428^{\frac{2}{3}}}{180} = 398 \text{ PS}.$$

Das Gewicht der Maschinen beträgt 0,20 bis 0,22 t pro PS, demnach:

$$400 \cdot 0,20 = 80 \text{ t}.$$

Das Gewicht einer 300 PS-Dieselmaschine beträgt 13,5 t

$$c = \frac{13,5}{300} = 0,045 \text{ t pro PS}.$$

6. Kohlenverbrauch und Rohölverbrauch. Der Kohlenverbrauch beträgt $k = 0,60$ bis 0,65 kg pro PSi pro Stunde (dreifache Expansionsmaschine mit Kondensation).

Der Fischdampfer vom vorigen Beispiel hat 75 t Kohlen. Wieviel Tage kann derselbe unterwegs sein?

$$Z = \frac{75\,000}{24 \cdot 0,65 \cdot 400} = 12 \text{ Tage}.$$

oder der Kohlenverbrauch „P_{Kohle}" in Tonnen = 1000 kg ist:

$$P_{\text{Kohle}} = \frac{d}{v} \text{PSi} \cdot k \text{ in kg},$$

worin d der Aktionsradius in Seemeilen und v die Geschwindigkeit in sm (Seemeilen) ist.

Beispiel: $d = 2700$ sm; $v = 9$ kn (Knoten) $k = 0\ 65$ PSi $= 400$

$$P_{\text{Kohle}} = \frac{2700}{9} \cdot 400 \cdot 0,65 = 78\,000 \text{ kg}.$$

Für größere Rohöl-Dieselmotoren beträgt der Ölverbrauch 0,20 bis 0,25 kg pro Stunde.

Beispiel: Motor von 400 PS soll 12 Tage vollbelastet laufen. Wieviel Öl verbraucht derselbe?

$$P = 400 \cdot 0,25 \cdot 12 \cdot 24 = 28\,800 \text{ kg} = 28 \text{ t}.$$

Wenn man statt einer Dampfmaschine von 400 PSi einen Rohöl-Dieselmotor einbaut, so wird man ca. 60 t an Maschinengewicht und ca. 50 t an Betriebsstoff (bei 12 Reisetagen) ersparen.

Für Fischdampfer ist dies nicht zu empfehlen, weil die Netzwinde mit Dampf betrieben werden muß. Bei Verwendung von Motoren müßte dann außerdem noch ein Donkykessel angeordnet werden.

7. Festigkeit von Schiffen. Die Festigkeit von Schiffen muß so groß sein, daß diese

a) Wasserdruck,
b) wechselnde Ladung,
c) Wellenberg und Wellental,
d) Stoßberechnung und Grundberührung,
e) Stapellauf,
f) Beanspruchung der Materialien, aushalten.

Die statische Berechnung von Eisenbetonschiffen erfolgt zunächst auf Wasserdruck.

Um die bei Seegang höher gehenden Wellen und auch die gegen das Schiff schlagenden Wellen zu berücksichtigen, wird der Wasserdruck zum $1^1/_2$fachen der Tauchtiefe angenommen.

Bei Schiffen, welche auf Grund zu liegen kommen oder den Grund berühren könnten, muß der Boden mindestens die doppelte Belastung des Wasserdruckes bei normaler Beanspruchung aushalten können.

Da Risse erst bei Überschreitung der Fließgrenze des Eisens eintreten werden, so kann der Boden ca. 4- bis 5 mal soviel, als die Belastung durch Wasserdruck beträgt, aufnehmen.

Die Schiffe müssen auch für wechselnde Ladung berechnet werden. Schuten und Leichter werden ohne Rücksicht auf die Festigkeit der Schiffe gelöscht. Für lange Flußschleppkähne muß man 25% Ladedifferenz bei normaler Beanspruchung rechnen. Große Seeleichter und Frachtschiffe müssen mindestens 50% Ladedifferenz aushalten können.

Schuten und kleine Leichter, bei denen mit Ebbe und Flut zu rechnen ist, müssen mit voller Ladung auf Grund kommen können, ohne Schaden zu leiden. Auch für starke Ausbildung der Kniee, zur Aufnahme der Eckmomente, muß gesorgt werden, weil das Schiff auch windschief auf Grund zu liegen kommen kann. Eine einseitige schräge Welle erzeugt dieselben Beanspruchungen.

Um dies alles zu berücksichtigen, muß man sich die Erfahrungen zunutze machen.

Die Wände müssen gegen Stöße widerstandsfähig sein. Je nach Größe des Schiffes müssen die Platten und Spanten 5000 kg/m^2 bis 10 000 kg/m^2 mit normalen Beanspruchungen aufnehmen können. (Diese 5 t bis 10 t pro m sind Erfahrungswerte.)

Das Deck muß mindestens 500 kg/m² aufnehmen können. Da das Deck meistens belastet wird, so muß man dasselbe bei normalen Beanspruchungen für 1000 bis 1200 kg/m² berechnen.

Der Längsverband des Schiffes wird mit Ausnahme von Flußschleppkähnen hauptsächlich durch die Lage des Schiffes auf einem Wellenberg oder in einem Wellental bestimmt. Die Wellenlänge wird hierbei als Schiffslänge genommen und die Höhe der Welle zu $^1/_{20}$ der Wellenlänge.

Die so berechneten Eiseneinlagen des Längsverbandes unten und oben müssen auf eine große Länge gleichmäßig durchgeführt werden, und erst in den Enden des Schiffes kann die Anzahl der Eiseneinlagen abnehmen, weil die Welle von vorn nach hinten durchrollt.

Besondere Berechnungen von Stampfen und Schlingern des Schiffes werden nicht aufgestellt.

Die Spannungen werden durch das Stampfen ca. 10 bis 20% erhöht. Gegen das Schlingern muß man die Ecken stark ausbilden, was besser durch gutes Konstruieren als durch die Berechnung zu berücksichtigen ist.

Bei größeren Schiffen bedarf es meistens einer Berechnung der Spannungen beim Stapellauf. Läuft das Schiff quer vom Stapel, so muß man in der Berechnung berücksichtigen, daß eine Ablaufbahn sich herunterdrückt und keine Last aufnimmt. Das Schiff muß sich über der zwischenliegenden Ablaufbahn frei tragen konnen.

Läuft das Schiff längs vom Stapel, so muß der Querverband des Schiffes so stark sein, daß sich das Schiff auf dem Kiel frei tragen kann. Für die Berechnung des Längsverbandes muß man die Spannungen beim Aufschwimmen des Schiffes berechnen.

Die Beanspruchung des Betons und des Eisens. Die Beanspruchung des Betons kann ca. 40 kg/cm² betragen; bei vierfacher Sicherheit muß die Bruchfestigkeit des Betons ca. 160 bis 200 kg/cm² groß sein. Diese Festigkeit braucht der Beton jedoch erst bei Inbetriebnahme zu besitzen. Der Beton wird also ca. 2 bis 4 Monate alt sein. Der Germanische Lloyd verlangt 6fache Sicherheit. Die Beanspruchungen müssen entweder ca. 33 kg/cm² gewählt werden, oder die Bruchfestigkeit muß mehr als 200 kg/cm² betragen.

Die Spannungen des Eisens sollen normal 1200 kg/cm² nicht überschreiten.

Der Germanische Lloyd läßt nur 1000 kg/cm² zu. Die Zugfestigkeit des Betons darf nicht in Rechnung gestellt werden.

Damit keine Zugrisse im Beton auftreten können, muß so viel Eisen vorhanden sein, daß der Beton keine größeren Zugspannungen als 25 kg/cm² erhält. Hierbei wird das Eisen mit $15 \cdot f_e$ in Rechnung gestellt.

Im übrigen kann man die ministeriellen Bestimmungen über Eisenbetonhochbau anwenden.

Im Eisenbetonschiffbau kann man nur sehr geringe Massen von Beton verwenden. Man ist genötigt, schmale und hohe Längs- und Querrippen anzuordnen. Diese Rippen können die Scherkräfte nicht allein aufnehmen, sondern man muß ein ganzes System mit Eiseneinlagen zur Unterstützung der Scherkräfte anordnen. Hierzu verwendet man Bügel, aufgebogene Eisen, gekreuzte Eisen, Gitterwerksbügel usw. Der Beton dient gewissermaßen mehr als Ausfüllung des Eisengeflechts.

Die Verwendung von Stahleiseneinlagen halte ich aus praktischen Gründen für wenig aussichtsreich; denn die Zugkräfte können durch eine entsprechende Anzahl von Moniereisen (Flußeisen) ohne weiteres aufgenommen werden. Das Stahleisen verarbeitet sich sehr schlecht; auch ist dasselbe nicht, oder nur in sehr geringen Mengen, während der Kriegszeit zu bekommen. Nur etwas geringeres Gewicht würde man erhalten, sonst liegt kein Grund für die Verwendung von Stahleisen vor.

Demgegenüber stehen ganz bedeutende Nachteile, höherer Preis und schlechte Verarbeitung, so daß sich die Verwendung von Stahleiseneinlagen nicht einführen wird.

Vom Verfasser wurde ein Seeleichter von 300 t Tragfähigkeit mit Kahneisen in den Bodenwrangen, Spanten, Kielschweinen und Rippen gebaut. Die aufgeschnittenen Eisen wurden unter einem Winkel von 45° aufgebogen und vor allem zur Aufnahme der Scherspannungen benutzt.

Die Haftfläche der Eiseneinlagen wird durch Verwendung von sehr vielen und sehr dünnen Moniereisen erzielt.

8. Vergleichende Berechnung zwischen Eisen- und Eisenbetonschiffen. Als Beispiel soll ein 650 t (Tragfähigkeit) großer Seeleichter genommen werden.

1. a) Spanten. Entfernung 55 cm; Außenhaut 8,5 mm, Winkel 130/65/8 mm, Gegenwinkel 75/75/8.

$$f_1 = 46{,}7\,, \qquad f_2 = 15\,, \qquad f_3 = 11{,}5\,,$$

$$J_1 = 2{,}82\ \text{cm}^4, \qquad J_2 = 264\ \text{cm}^4, \qquad J_3 = 59\ \text{cm}^4,$$

$$J_x = 1592\ \text{cm}^4, \qquad \alpha = 10{,}38\ \text{cm},$$

$$W = \frac{1592{,}32}{10{,}38} = 153{,}8\ \text{cm}^3,$$

$$M = k \cdot W = 1000 \cdot 153{,}8 = 153\,800\ \text{cm/kg}.$$

Diese Eisenkonstruktion kann also bei einer Spannung von 1000 kg/cm² ein Moment von 153 800 cm/kg aufnehmen. Dieses Moment wird als äußeres Moment für die Eisenkonstruktion eingesetzt. Es würde zwar durch die Rahmenwirkung sehr verringert werden, doch wird dieses vernachlässigt und als größere Sicherheit für die Eisenbetonkonstruktion angesehen.

b) Eisenbeton.

$$\sigma_b = 20 \text{ kg/cm}^2,$$
$$\sigma_e = 1000 \text{ kg/cm}^2.$$

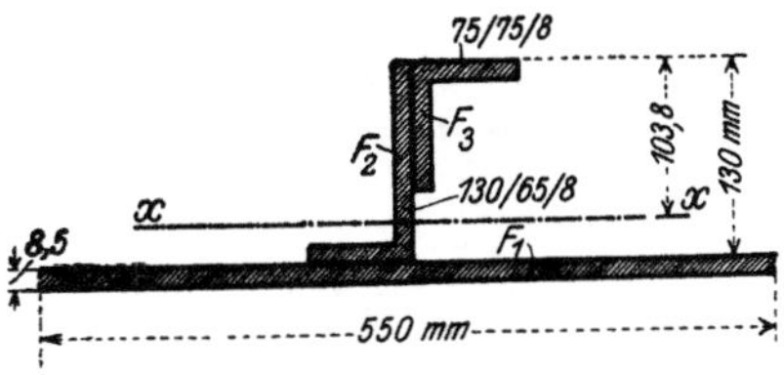

Abb. 68. Schnitt durch einen eisernen Spant.

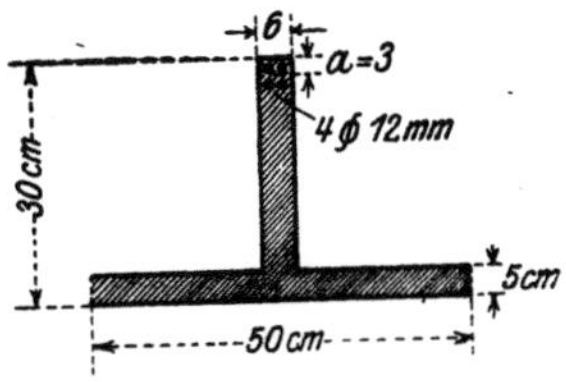

Abb. 69. Schnitt durch einen Eisenbetonspant.

Spantenentfernung 50 cm, demnach

$$M = \frac{153\,800 \cdot 50}{55} = 140\,000 \text{ cm/kg},$$

$$h - a = 0{,}685 \sqrt{\frac{140\,000}{50}} = 25{,}70 \text{ cm},$$

$$h - a = 30 - 3 = 27 \text{ cm},$$

$$f_e = 0{,}00159 \sqrt{140\,000 \cdot 50} = 4{,}21 \text{ cm}^2,$$

$$f_e = 4 \varnothing \; 12 \text{ m/m} = 4{,}52 \text{ cm}^2.$$

Der Spant aus Eisenbeton ist 2,2 mal so hoch als der eiserne Spant. In der Eisenbetonberechnung ist dieser Spant überschläglich mit

$$M = \frac{4{,}5 \text{ t} \cdot 2{,}40^2}{18} = 1{,}44 \text{ mt}$$

angenommen, worin die Stützweite 2,40 beträgt.

$$\text{Wasserdruck } 3 \text{ t} + 50\% = 4{,}5 \text{ t pro m} = 9 \text{ t pro m}^2.$$

Man erkennt daraus, wie man von der Eisenkonstruktion aus zurück auf die Belastung des Systems schließen kann.

2. Berechnung der Bodenwrangen.

$$F_1 = 11{,}5 \text{ cm}^2, \quad F_2 = 30{,}4 \text{ cm}^2, \quad F_3 = 44 \text{ cm}^2,$$

$$J_x = \frac{19\,963{,}78}{28{,}8} = 693 \text{ cm}^4,$$

$$M = k \cdot W = 1000 \cdot 693 = 693\,000 \text{ cm/kg};$$

auf 50 cm Entfernung

$$M = \frac{693\,000 \cdot 50}{55} = 630\,000 \text{ cm/kg},$$

$$\sigma_b : \sigma_e = 26/100 \text{ kg/cm}^2,$$

$$h - a = 0{,}55\sqrt{\frac{630\,000}{50}} = 61{,}7,$$

$$h - a = 65 - 3 = 62 \text{ cm},$$

$$f_e = 0{,}002\sqrt{630\,000 \cdot 50} = 11{,}22 \text{ cm}^2,$$

$$f_e = 10 \varnothing 12 \text{ m/m} = 11{,}31 \text{ cm}^2.$$

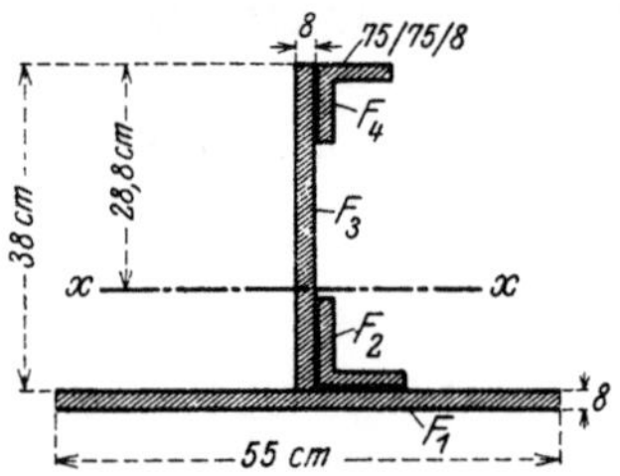

Abb. 70. Eiserne Bodenwrange.

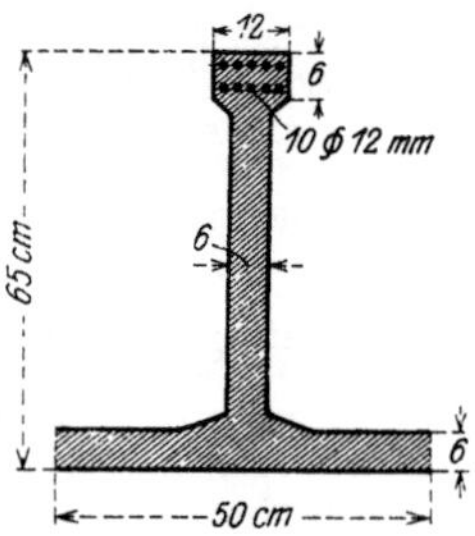

Abb. 71. Eisenbetonbodenwrange

In der Eisenbetonberechnung wird man das Moment wie folgt überschläglich berechnen:

$$l_1 = 7{,}10 \text{ m}, \qquad p = 4{,}5 \text{ t/m}^2,$$

$$M = \frac{2{,}25 \cdot 7{,}10^2}{18} = 6{,}3 \text{ m/t},$$

$$p = 3 \text{ t/m}^2 + 50\% = 4{,}5 \text{ t/m}^2.$$

Die Bodenwrangen werden durch das Mittelkielschwein und die Seitenkielschweine unterstützt, so daß die Belastung ca. doppelt so groß sein kann.

Bis zur Bruchgrenze ca. 4- bis 5mal so groß.

3. Die Platten.

a) Eiserne Platte 0,8 mm stark auf 1 m Breite ist

$$W = \frac{b \cdot h^2}{6} = \frac{100 \cdot 0{,}8^2}{6}\ 10{,}67 \text{ cm}^3,$$

$$M = 10{,}67 \cdot 1000 = 10\,670 \text{ cm/kg},$$

$$\sigma_b : \sigma_e = 29/1000 \text{ kg/cm}^2,$$

$$h - a = 0{,}503\sqrt{\frac{10\,670}{100}} = 5{,}195 \text{ cm},$$

$$h - a = 6 - (0{,}5 + 0{,}3) = 5{,}2 \text{ cm},$$

$$f_e = 0{,}00221\sqrt{10\,670 \cdot 100} = 2{,}28 \text{ cm}^2$$

erforderlich

$$f_e = 12 \varnothing\ 5\,\text{m/m} = 2{,}35\,\text{cm}^2;$$

gewählt

$$f_e = 15 \varnothing\ 6\,\text{m/m} = 4{,}23\,\text{cm}^2,$$

$$f_e' = 15 \varnothing\ 5\,\text{m/m} = 2{,}93\,\text{cm}^2.$$

In der Eisenbetonberechnung wird das Moment wie folgt ermittelt:

$$p = 15\,\text{t/m}^2, \qquad l = 0{,}50\,\text{m},$$

$$M = \frac{15 \cdot 0{,}50^2}{18} = 0{,}208\,\text{m/t}.$$

Unter Berücksichtigung der doppelten Armierung kommt man mit $\sigma_b = 40\,\text{kg/cm}^2$ und $\sigma_e = 1000\,\text{kg/cm}^2$ aus.

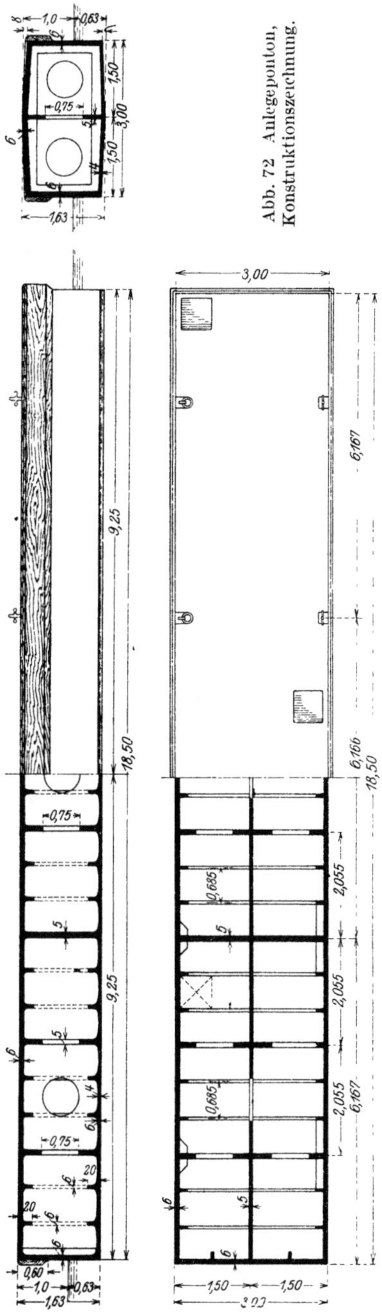

Abb. 72 Anlegeponton, Konstruktionszeichnung.

V. Ausführung, Konstruktion und Berechnung von ausgeführten Schwimmkörpern.

a) **Pontons.** Pontons verwendet man für alle möglichen Zwecke, als Anlegepontons, Pontons für Badeanstalten, Arbeitspontons, Hebepontons für gesunkene Schiffe usw.

1. Anlegepontons. Die nebenstehende Abbildung zeigt einen Anlegeponton von 18,50 m Länge, 3 m Breite, 1,47 m Seitenhöhe, der Tiefgang beträgt im Mittel rund 0,60 m, der Freibord 1 m, das Eigengewicht beträgt 33 t, der Wert $p = 0{,}38$.

Eigengewicht: $0{,}38 \cdot 3 \cdot 18{,}5 \cdot 1.55 = 33$ t.

Der Ponton ist durch Querschottwände in drei wasserdichte Abteilungen geteilt und besitzt außerdem zur Versteifung des Längsverbandes in der Mitte ein Längsschott. Die beiden wasserdichten Abteilungen an den Enden sind durch verschließbare

Teilschotten nochmals in zwei ungleich große wasserdichte Abteilungen zerlegt. Jede wasserdichte Abteilung ist durch einen Einsteigeschacht zugänglich gemacht. Der Querverband des Pontons wird durch die wasser-

Abb. 73. Anlegeponton während des Baues.

dichten Schotten und durch die Teilschotten erzielt. Die Spantenentfernung ist mit 68,5 cm gewählt und sind die Wandrippen in den Boden und unter das Deck weiter durchgeführt. Die enge Balken-

Abb. 74. Anlegeponton vor dem Stapellauf.

teilung ist mit Rücksicht auf die Stoßkräfte notwendig. Der Anlegeponton ist ringsherum mit einer 60 cm breiten und 10 cm starken hölzernen Wallschiene versehen. Die hölzerne Wallschiene ist oben abgerundet und unten abgeschrägt, so daß anlegende Schiffe sich weder auf- noch unterhaken können. Die Wallschiene ist durch versetzte Bolzen in Abständen von ca. 30 cm befestigt, wodurch es möglich ist, die Wallschiene bei Reparaturen abzunehmen. Die Befestigung der Poller und Ringe erfolgt gleichfalls durch durchgehende Bolzen, wobei jedoch an diesen Stellen ein Balken zur Verstärkung angeordnet wird. Für

Abb. 75 Anlegeponton vor dem Stapellauf.

diesen Ponton sind ungefähr 20 cbm Beton mit einem spezifischen Gewicht von 1,45 und 4 t Rundeisen erforderlich.

1 cbm Beton enthält demnach 200 kg Eisen.

2. Dockstraßenponton. Die Abbildung 77 zeigt ein Dockstraßenponton von 30 m Länge, 5 m Breite und 1,90 m Seitenhöhe, der Tiefgang beträgt 0,75 m, der Freibord 1,30 m, das Eigen-

Abb. 76. Anlegeponton nach dem Stapellauf

gewicht beträgt 101 t, der Wert $p = 0{,}34$. Eigengewicht: $1{,}975 \cdot 5 \cdot 30 \cdot 0{,}34 = 101$ t.

Der Ponton ist durch eine Anzahl Längs- und Querschotten in sechs wasserdichte Abteilungen geteilt, alle 5 m ist ein wasserdichtes Querschott und in 1,67 m Entfernung sind Teilschotten angeordnet. Die Entfernung der Boden- und Decksbalken und Spanten beträgt ca. 55 cm

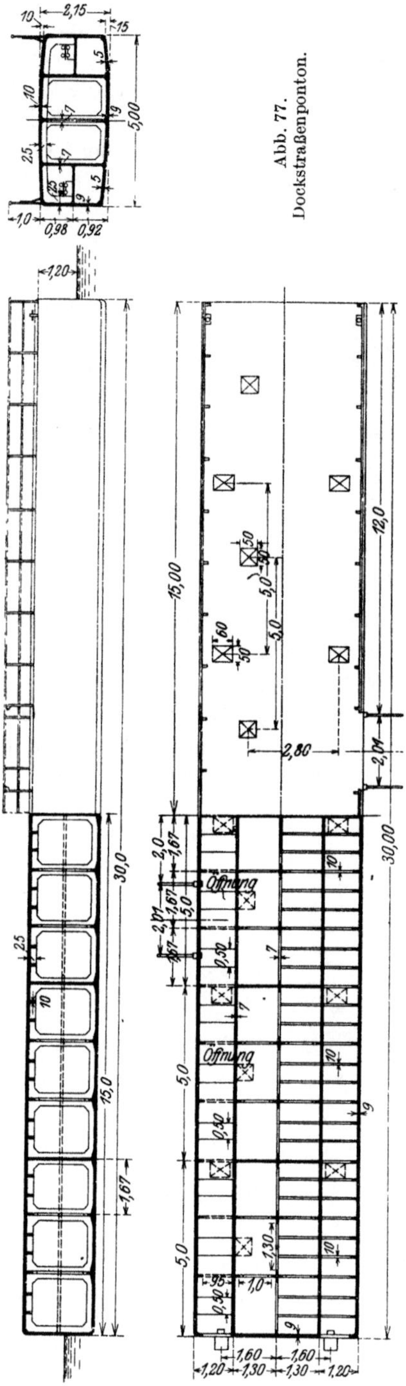

Abb. 77. Dockstraßenponton.

Diese enge Rippenteilung ist nicht des Wasserdrucks wegen angeordnet, sondern um lokale Stöße aufnehmen zu können.

Zu beiden Seiten des Pontons sind Rohrkanäle eingebaut. Die Rohrkanäle sind von hinten und vorn offen, jedoch von den Pontons durch ein horizontales Deck und den seitlichen Längsschotten wasserdicht abgeschlossen. Die Rohrkanäle sind durch Einsteigluken zugänglich gemacht. Sämtliche Räume im Ponton sind durch die Luken und durch die Mannlöcher zugänglich gemacht worden, so daß man den Ponton auf Wasserdichtigkeit an allen Stellen kontrollieren kann. Sämtliche Platten wurden doppelt und kreuzweise armiert, und der Längsverband des Pontons wurde durch die Beanspruchung beim Stapellauf und durch die Berechnung, wenn der Ponton auf einem Wellenberg oder Wellental sich befindet, festgelegt. Das Deck wurde für die Belastung von 2000 kg/m² konstruiert.

Durch eiserne Ausladebrücken, welche an dem Ponton befestigt sind, wurden die Zugänge nach den Decks geschaffen.

3. Grundheber. Die Abbildung 78 zeigt einen Grundheber aus Eisenbeton, wie man denselben für gesunkene Schiffe verwendet. Die Tragfähigkeit dieses Hebepontons beträgt 250 t. Dieser Ponton wird mit Wasser gefüllt und neben dem Schiff versenkt. Alsdann werden die Drahtseile, welche unter dem Schiff durchgezogen sind, am

Ponton befestigt. Hierauf wird mittels Preßluft das im Ponton befindliche Wasser herausgepreßt. Je nach Größe des gesunkenen Schiffes werden 2, 4, 6 und noch mehr Pontons angesetzt. Bei sehr großen Schiffen wird man sogar 2 Pontonreihen übereinander anordnen. Der Hebeponton besitzt an beiden Enden je eine wasserdichte Abteilung, in welcher sich auch, wenn der Ponton versenkt ist, kein Wasser befindet. Da die Belastung des Pontons an zwei Punkten erfolgt, so müssen diese Aufhängepunkte besonders stark konstruiert werden. Durch Längs- und Querschotten, Kielschweine und Stringer ist der Ponton außerordentlich stark konstruiert, um einen Wasserdruck von 20 m Höhe aufnehmen zu können.

Gesunkene Schiffe, welche jedoch mit ihrer Konstruktion über Wasser herausragen, kann man auch dadurch heben, daß man seitlich Kon-

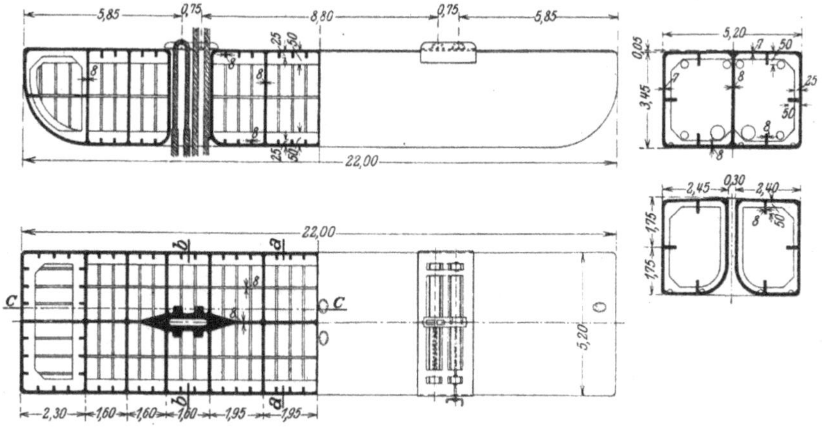

Abb. 78. Grundheber.

solen anbringt und die Pontons unter diesen Konsolen befestigt und alsdann das Wasser aus den Pontons pumpt.

b) **Schwimmdocks.** Die umstehenden Abbildungen 79, 80, 81 zeigen ein Schwimmdock von ca. 6000 t Tragfähigkeit oder 80 t pro m Belastung. Die Länge des Schwimmdocks beträgt 72 m, die Breite 34 m, die Höhe des unteren Schwimmkastens 5,50 m, Gesamthöhe 15,20 m, Freibord ca. 0,50 m.

Das Dock soll auf dem Mittelpallen Schiffe bis zu 80 t pro m tragen können, Seitenpallen je 40 t pro m.

Der untere Schwimmkasten wird durch zwei Quer- und drei Längsschotten in neun wasserdichte Abteilungen zerlegt. Die Seitenkästen bekommen 4,50 m von oben ein Sicherheitsdeck; in dem oberen Teil der Seitenkästen sollen die elektrischen Motore für die Pumpen untergebracht werden. Ferner sind in den Seitenkästen je zwei Durchgänge

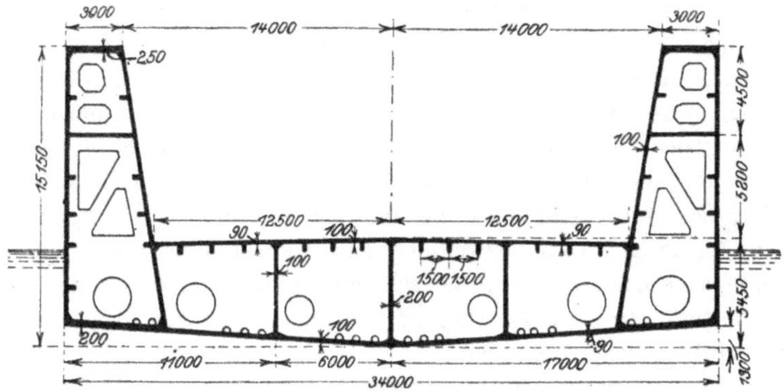

Abb 79 Schwimmdock, Querschnitt.

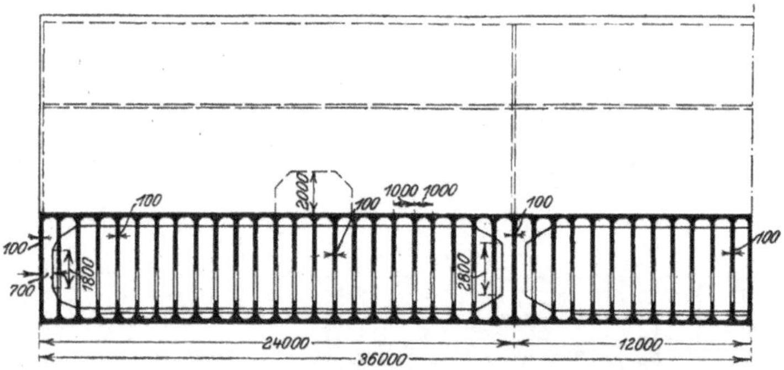

Abb 80. Schwimmdock, Längsschnitt.

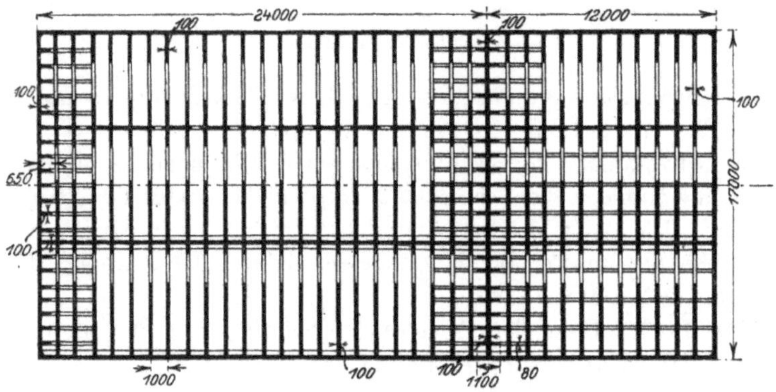

Abb. 81 Schwimmdock, Grundriß.

für Materialtransport angeordnet. Auf dem Deck der Seitenkästen wird je ein Kran laufen. Das Pumpenhaus ist in der Mitte angeordnet.

Die Hauptträger sind in Entfernung von 1,20 m nach der Mitte zu

15 cm, nach den Seiten zu 11 cm stark und als Wand mit kleinen Öffnungen für den Wasserdurchfluß angeordnet.

Die Längsschottwände werden gleichzeitig als Auflager für die Längs- und Seitenpallen dienen; letztere sind in Abständen von 1,20 m angeordnet.

Das Eigengewicht beträgt rd. 5000 t.

1 cbm umbauter Raum des Schwimmdocks wiegt 0,291 t. Erforderlich sind 2850 cbm Beton und ca. 600 t Eisen. Auf 1 cbm Beton ist ca. 200 kg Eisen erforderlich.

Das Gewicht des Betons beträgt ca. 1500 bis 1550 kg/cbm. Die Wand-, Decken- und Bodenstärke soll 11 cm betragen. Für die statische Berechnung des Docks wurden folgende Belastungen angenommen:

Boden 9 t/m^2, Deck 9 t/m^2 bzw. 8 t/m^2, Pumpendifferenz ca. 25%.

Außerdem wurde die Berechnung für den Zustand, daß auf 8 m die Pallen fortgenommen werden können, durchgeführt. Ferner ist das Dock für ein kurzes schweres Schiff berechnet.

Die zulässigen Spannungen des Eisens sind mit 1200 kg/cm^2 festgesetzt. Die Scherspannungen über 4,5 kg/cm^2 werden durch gitterförmige Eiseneinlagen aufgenommen.

c) Schuten von 80 bis 100 t Tragfähigkeit. Nebenstehende Abbildung zeigt eine Schute von 80 t Tragfähigkeit.

Diese Schuten müssen gute Formen und bestimmte Größenverhältnisse haben.

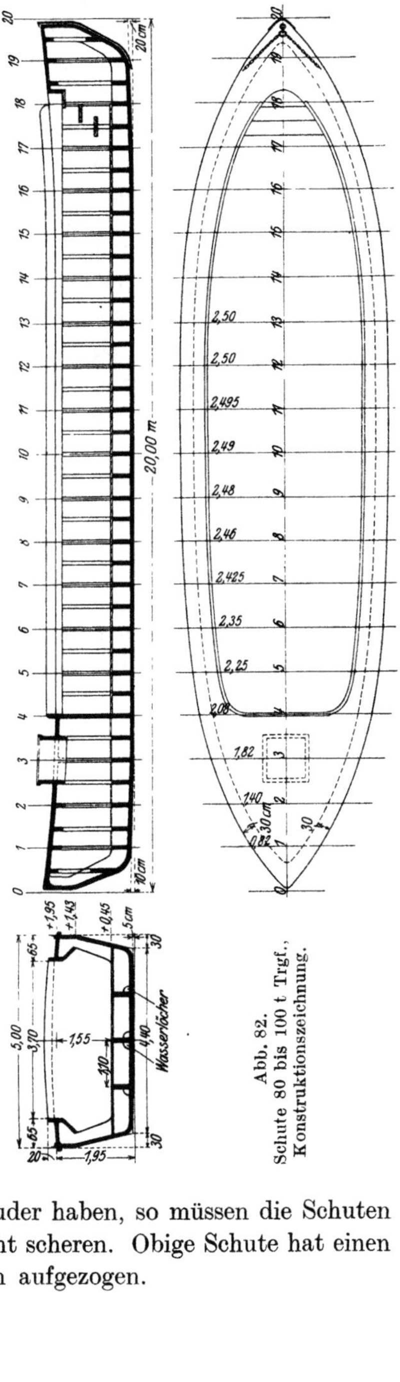

Abb. 82. Schute 80 bis 100 t Trgf., Konstruktionszeichnung.

Da die offenen Schuten keine Ruder haben, so müssen die Schuten so gebaut werden, daß dieselben nicht scheren. Obige Schute hat einen flachen Boden und ist derselbe vorn aufgezogen.

Die Abmessungen sind: Länge 20 m, Breite 5 m, Höhe 1,95 m, Tiefgang beladen 1,75 m, Tiefgang leer ca. 0,45 m, Freibord 25 cm.

Das Eigengewicht beträgt ca. 34 t.

Der Völligkeitsgrad = 0,74.

$p = 0{,}18$; Wasserverdrängung $20 \cdot 5 \cdot 1{,}70 \cdot 0{,}74 = 126$ cbm.

Vorn und hinten hat die Schute ein Kollisionsschott. Die Plicht ist durch das Schott des Laderaumes begrenzt. Die vordere Treppe kann aus Holz oder Eisenbeton hergestellt werden. Abgebildete Schute hat eine massive Treppe. Um auch Stöße aufnehmen zu können, hat der Schiffskörper eine dichte Spantenanordnung von 50 cm.

Bei größeren Schiffshöhen werden auch Stringer angeordnet. Außerdem hat der Boden noch Längsrippen. Die Bodenwrangen sind durch starke Kniee mit den Spanten verbunden, damit die Schute normale Stoßkräfte aufnehmen kann. Da die Schute voll und leer auf Grund zu liegen kommt, müssen die Verbindungen besonders im Boden stark gebaut sein, um auch windschiefe Kräfte (Umdrehungen) aufnehmen zu können.

Der Längsverband des Schiffes ist oben in den Schandeckel und unten in die Kimm gelegt. Der Längsverband ist so stark, daß die Schute bei normalen Spannungen in der Mitte oder an den beiden Enden leer frei aufliegen kann.

Besondere Verstärkungen sind an den Ecken im Deck bei der Plicht angeordnet, weil die Erfahrungen im Eisenschiffbau gezeigt haben, daß dort mit der Zeit meistens Risse auftreten. Dies kommt von der großen Veränderlichkeit der Trägheitsmomente.

Der Setzbord hat auch möglichst viel Längsarmierungen erhalten, weil derselbe am weitesten in der Zugzone zu liegen kommt und sonst leicht viele kleine Haarrisse auftreten können.

Damit beim Entladen der Schute nichts unterhaken kann, ist eine schräge Setzwand im Laderaum angeordnet.

Die Wallschiene ist aus Winkeleisen und aus aufgenieteten Halbrundeisen, obenauf mit einer Fußwinkelschiene versehen, hergestellt. Das Schleppgeschirr besteht aus zwei Ketten, welche in einem Ring endigen und durch den Vorderstevenring gezogen werden. Die Schleppketten müssen ca. 16 bis 18 mm, der Ring ca. 28 bis 30 mm stark sein.

Die Befestigung des Schleppgeschirrs mit dem Beton muß besonders gut und kräftig ausgeführt werden.

Hierzu wurde ein ca. 25 mm starkes Eisen ähnlich wie ein doppelter Angelhaken gebogen und oben mit einer Öse versehen, welche über das Deck hinausragt. An dieser Öse ist ein Schäkel befestigt, welcher mit der Kette verbunden ist.

Am unteren Ende des hakenförmig gebogenen 25-mm-Eisens wurden zur Verankerung zahlreiche dünne Rundeisen eingehängt. Der Vorder-

Abb 83. Schute vor dem Stapellauf.

Abb 84. Schute nach dem Stapellauf.

Abb. 85 Schute, Innenansicht.

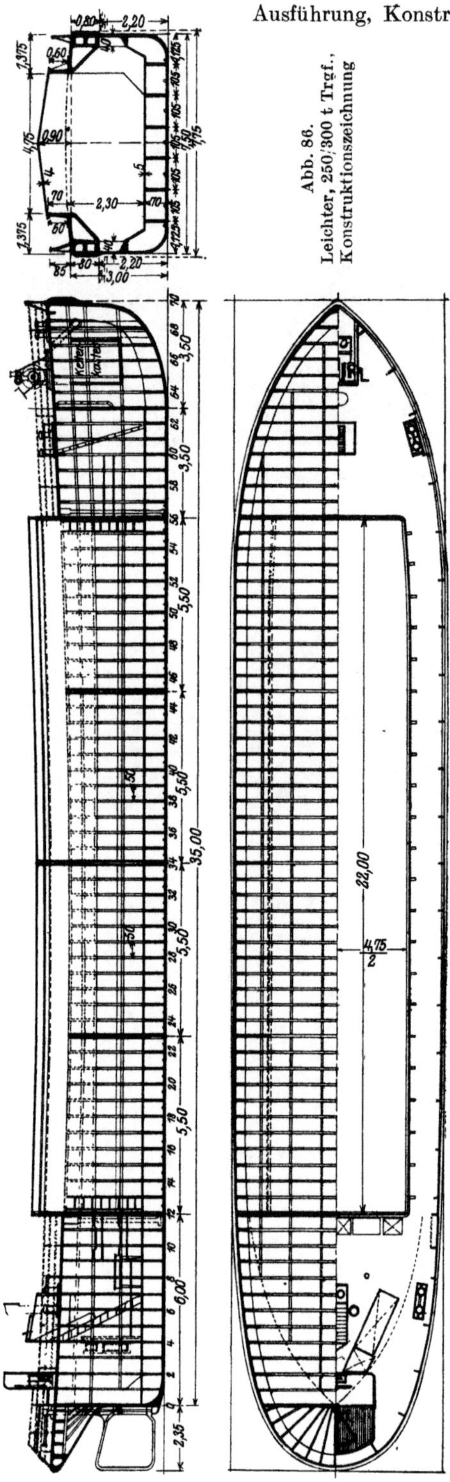

Abb. 86. Leichter, 250/300 t Trgf., Konstruktionszeichnung

steven wird durch das Vorderstevenblech geschützt. Alle Ecken und Kanten sind mit Schutzschienen versehen. Scharfe Kanten müssen nach Möglichkeit vermieden werden. Die Schute ist vorn breiter als hinten.

d) Leichter von 250/300 t Tragfähigkeit. Die Abmessungen des abgebildeten Leichters sind:

Länge 35 m, Länge über alles 37,50 m, Breite 7,50 m, Höhe 3 m, Tiefgang beladen in der Mitte mit 250 t 2,20 m, Freibord 0,80 m. Völligkeitsgrad 0,78.

Eigengewicht des Schiffskörpers 165 t; Einrichtung und Ausrüstung usw. 36 t.

$$p = 0{,}21 .$$

Der abgebildete Kohlenleichter hat ein gemischtes Längs- und Querspantensystem. Jeder fünfte bzw. sechste Spant ist ein oben offener Rahmenspant.

Der Leichter enthält eine 22 m lange und 4,75 m breite Ladeluke. Man kann ihn als offenes und gedecktes Fahrzeug verwenden. Auch ist der Leichter so eingerichtet, daß die Kohlen von selbst trimmen.

Sämtliche eisernen Träger und Lukenbretter sind im vorderen Raum verstaut.

Es sind außerdem zwei schräge Wände im Laderaum hergestellt worden, damit beim

Entladen nichts unterhaken kann. Die Bugdielen des Laderaumes sind 5 cm stark und nur an den Laderaumschotten befestigt.

Die Lukenbretter sind 4 cm stark hergestellt und auf ca. 50 cm Breite verbolzt und mit Winkel- und Flacheisen zusammengeschraubt.

Die gebogenen eisernen Querträger sind über das Lukensüll gehängt. Auf diesen Querträgern lagern in der Mitte die Längsträger, bestehend aus $\frac{\sqcup}{\mathrm{I}}$-Profil.

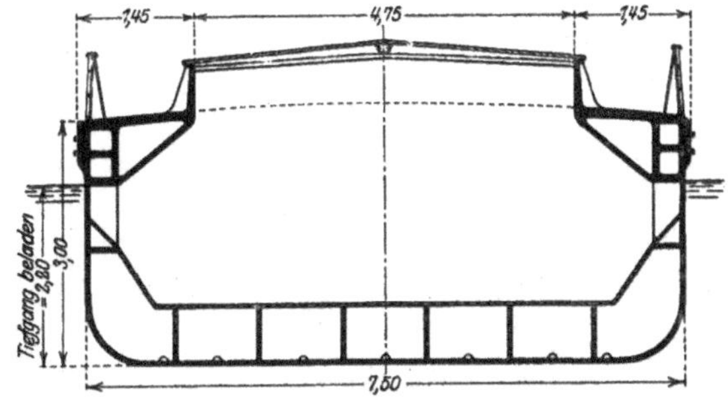

Abb. 87. Leichter, Hauptspant.

Am Lukensüll entlang ist ein Gasrohr eingegossen, welches zur Befestigung der Reißleinen für die Persennige dient. Besonderer Wert ist auf die Befestigung der Poller gelegt. Durch je acht ca. 1,20 m lange und 28 mm starke Bolzen sind die Doppelpoller befestigt.

In diese Poller sind je zwei ca. 15 cm starke und ca. 2,50 m lange Gasrohre eingegossen und mit den Längsspanten verbunden.

Abb. 88. Leichter, eingeschalt.

Zur guten Befestigung der Poller sind ganz bedeutende Verstärkungen des Betons angeordnet.

Die Ankerwinde wurde mit dem Deck verbolzt. Um den Druck zu verteilen, wurden unter Deck Schienen und kleine Träger mit verbolzt. Damit bedeutende Zugkräfte aufgenommen werden können, wurde die Ankerwinde auch mit zwei vom Deck bis in die Bodenwrangen gehende Zugverankerungen versehen. Diese Verankerungen sind in je ein Gasrohr eingegossen.

Abb. 89. Leichter wahrend des Eisenflechtens

Abb 90 Leichter während des Eisenflechtens.

Abb. 91. Leichter während des Eisenflechtens.

Abb. 92. Leichter während des Betonierens

Klüsen und Klüsendeckplatte sind aus Gußeisen.

Das Ruder ist aus Schmiedeeisen, mit Holz gefüttert und beiderseitig mit Blech beschlagen.

Das Schanzkleid besteht aus Eisen und ist durch Steinschraubenbolzen und -muttern befestigt.

Die Wallschiene ist aus Beton hergestellt. Dieser vorstehende Betonteil ist jedoch durch zwei 9 cm breite Halbrundeisen geschützt. Die Wallschiene ist so konstruiert, daß der Leichter sich nicht aufhaken und auch nicht unter ein anderes Fahrzeug haken kann. Der Vordersteven hat ein breites, starkes Schutzblech.

Abb. 93 Leichter während des Betonierens.

Der Steuerschutz besteht aus einer 4 cm starken Eisenbetonwand. Für den Ruderstand ist der Rudersektor durch eine hölzerne Gräting überdeckt.

Die Befestigung des Ruders erfolgt an vier Stellen, unten mittels der Ruderhacke, in der Mitte des Hinterstevens, am unteren Heck und auf Deck durch eine große Führungsplatte. Das Ruder ist zum Herausnehmen eingerichtet. Die Mannschaftseinrichtung besteht aus 5 Kojen, 5 Schränken, 1 Küchenschrank, 1 Kochherd, 1 großen Tisch und 1 Bank.

Auch der Trinkwasserbehälter ist als Bank eingerichtet. Eine Verschalung des Wohnraumes ist nicht erforderlich gewesen. Der Frischwasserbehälter ist aus Beton, gleichfalls der Kettenkasten.

Die Lenzeinrichtung besteht aus zwei Pumpen. Die hintere Lenzpumpe hat zwei Abzweige für Laderaum und Wohnraum. Durch Hähne können die Pumpenrohre geöffnet und geschlossen werden.

Der Schiffskörper zeigte eine große Festigkeit gegen Stöße. Das Schiff erhielt außen und innen einen schwarzen Anstrich. Nachdem der Boden des Leichters geputzt und angestrichen war,

Abb. 94. Leichter, fertig betoniert.

wurde der Leichter, welcher in der Dockgrube gebaut wurde, ca. 1,20 m abgesenkt. Es wurden hierbei zunächst sämtliche Mittelpallen entfernt und dann die Seitenpallen ein um den anderen herausgenommen. Die

Abb. 95. Leichter nach dem Stapellauf.

noch übriggebliebenen Pallen wurden ringsherum abgeschachtet und abwechselnd umgepallt.

Der Schiffskörper senkte sich ca. 8 bis 10 cm pro Tag. Nach der Absenkung des Schiffes wurde der vordere Abschlußdamm in der Dockgrube fortgenommen und der Leichter bei der nächsten Flut aus der Dockgrube gefahren.

Leichter von 650 t Tragfähigkeit. Länge 46 m, Breite 8,35 m, Seitenhöhe 3,80 m, Tiefgang beladen mit 650 t 3 m, Freibord 0,80 m.

Eigengewicht 250 t, Einrichtung und Ausrüstung 30 t, Wasserverdrängung 930 t.

Der Leichter ist ähnlich wie der vorherige ausgeführt. Die Eiseneinlagen werden durch den Eisenverlegeplan deutlich gezeigt.

Abb 96. Leichter, Innenansicht

e) **Motorfrachtschiff von 70 t Tragfähigkeit.** Länge 20 m, Breite 4,75 m, Höhe 1,85 m, Tiefgang leer 0,75 m, Tiefgang beladen 1,80 m, Eigengewicht ca. 28 t, Einrichtung, Motor und Ausrüstung usw. ca. 5 t, Wasserverdrängung ca. 103 cbm.

Motor 30 PS-Daimler-Zweizylinder, ca. 400 Umdrehungen, umsteuerbare Schraube, dreiflügelig ca. 70 cm Durchmesser. Ladegeschirr für 1000 kg.

Der Laderaum ist 12 m lang überdeckt; jedoch kann das Schiff auch als offenes Fahrzeug verwendet werden.

Sämtliche eisernen Quer- und Längsträger des Laderaumes können fortgenommen werden, und es entsteht alsdann ein vollständig glatter Laderaum.

Der vordere Raum des Schiffes ist als Wohnraum ausgebaut und mit Kojen, Schrank, Tisch, Ofen und Bank eingerichtet.

Im hinteren Teil wurde der Motor eingebaut. Motorraum und Wohnraum enthalten Entlüfter.

Der Lademast ist durch das Deck geführt und geht bis auf die Bodenwrangen. In Deckshöhe ist der Lademast durch Holzkeile ringförmig befestigt und abgedichtet.

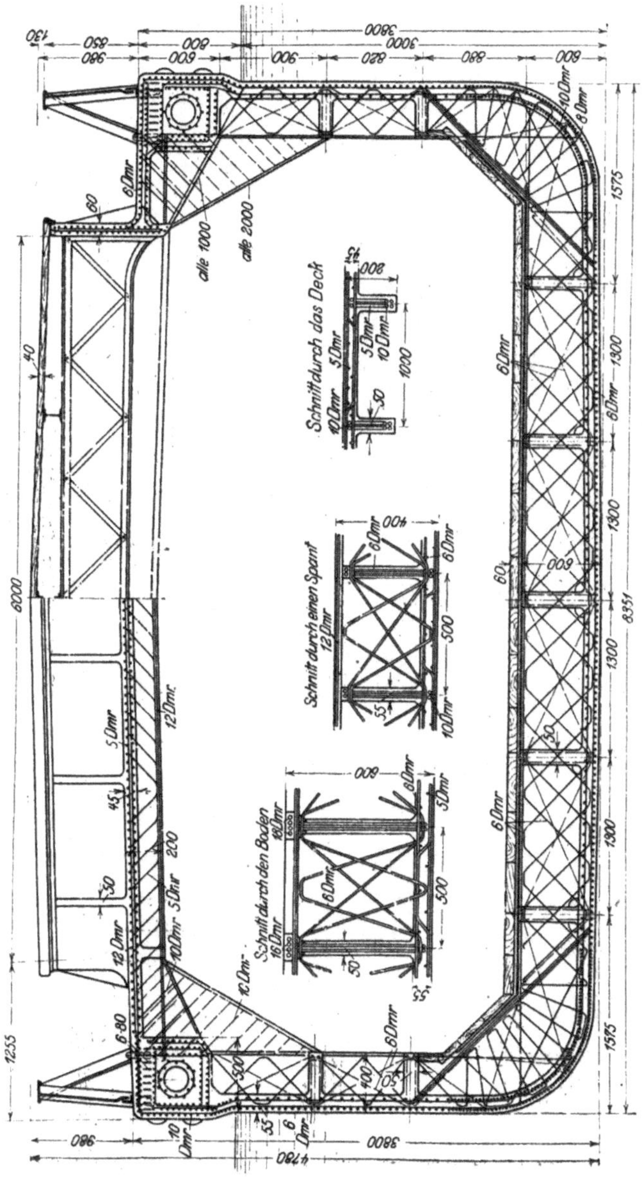

Abb. 97. Leichter, 650 t Trgf., Hauptspant

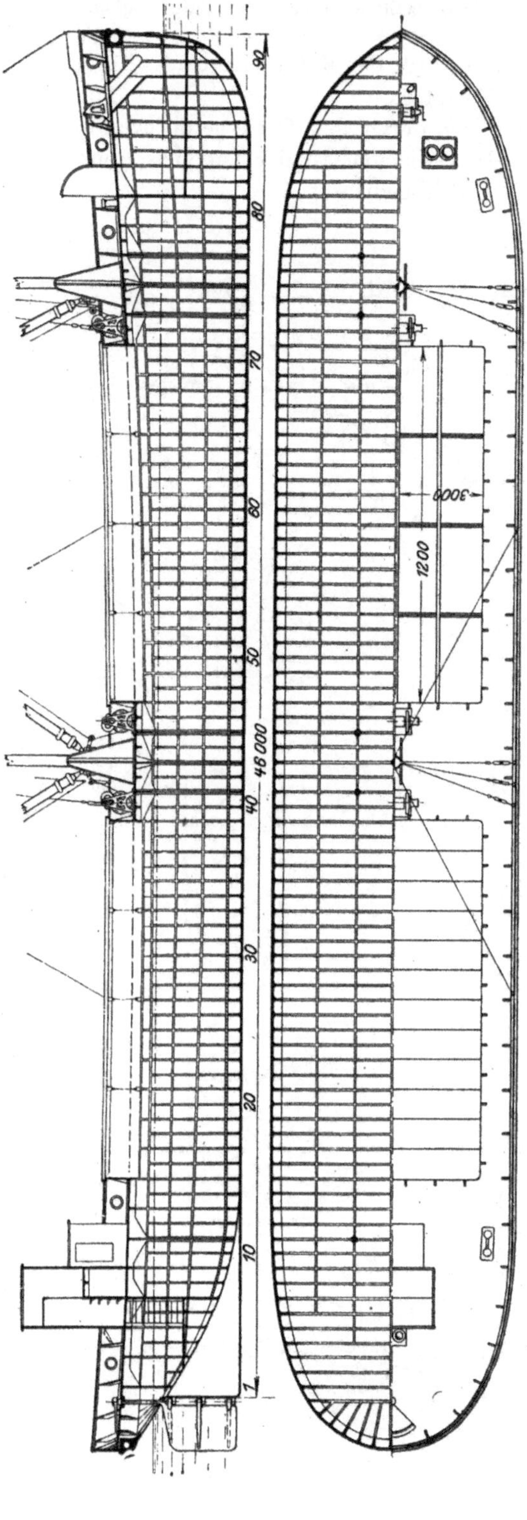

Abb. 98. Leichter, Grundriß und Schnitt.

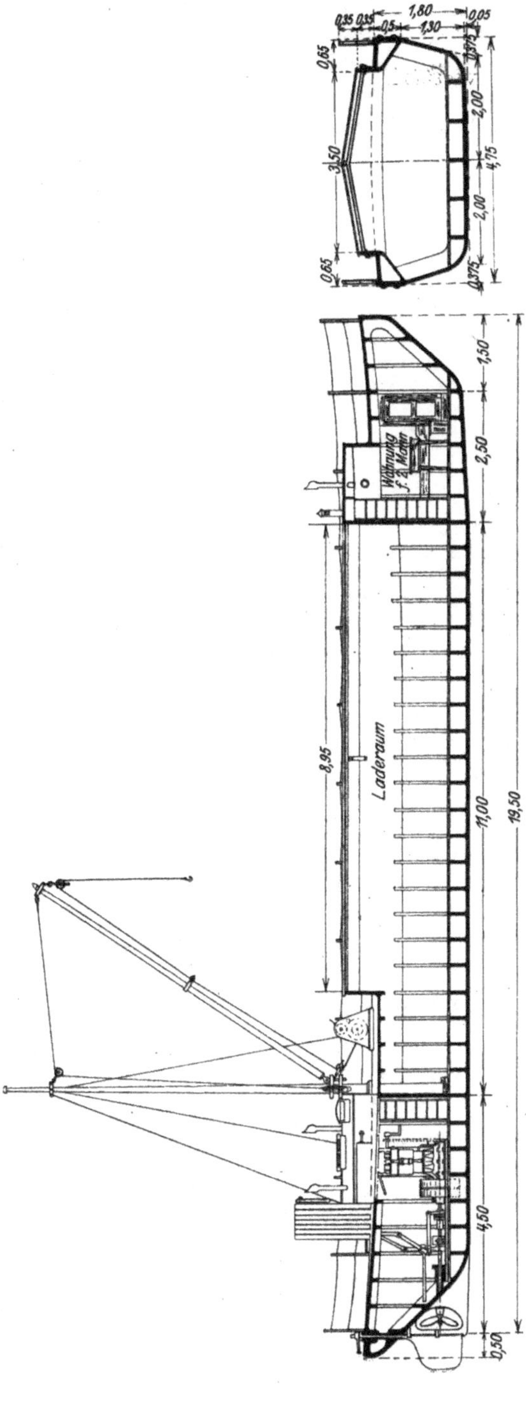

Abb. 99. Motorfrachtschiff, 70 t Trgf., Längsschnitt und Hauptspant

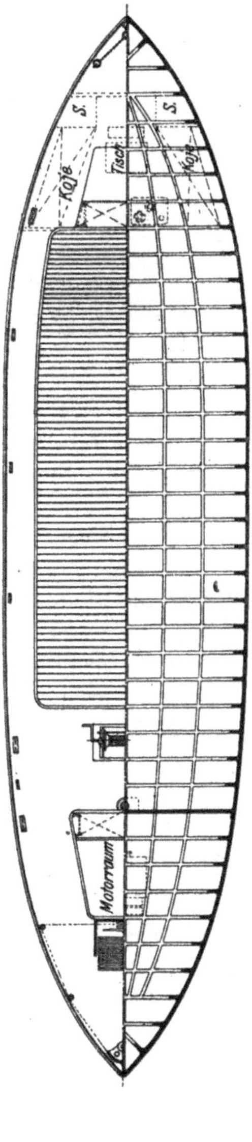

Abb. 100. Motorfrachtschiff, Grundriß.

Die Klampen wurden durch Bolzen befestigt, und an diesen Stellen wurde das Deck bzw. die Wand verstärkt.

Die dichte Spantenteilung von 50 cm Entfernung hat sich sehr widerstandsfähig gegen lokale Stöße gezeigt.

Durch die Anordnung von Bodenwrangen und Bodenlängsträgern wurde der Boden des Schiffes so stark, daß das Fahrzeug wiederholt auf Grund fahren konnte, ohne daß sich irgendwelche Risse gezeigt

Abb 101 Motorfrachtschiff nach dem Stapellauf

haben. Bei Reparaturen und Veränderungen an der Schraube wurde das Schiff bei Flut auf den Strand gesetzt.

Ferner wurde das Motorfrachtschiff mit vollständiger Einrichtung und Ausrüstung mittels eines Kranes auf eine Kaimauer gehoben, um zu sehen, ob das Schiff sich auch gut unter Wasser erhalten hatte.

Das Schiff erhielt eine eiserne Wallschiene und ein umklappbares eisernes Geländer.

Das Motorfrachtschiff ist außen und innen mit einem schwarzen Anstrich versehen.

f) Motorboot von 8 m Länge, 1,90 m Breite. Das Motorboot dient hauptsächlich zur Personenbeförderung nach der Werft.

Die Kajüte ist aus Eisenbeton für 6 Personen eingerichtet und mit einem dünnen Granit-Vorsatzbeton versehen.

Der Bootskörper ist mittels einer Gipsform mit dem Boden nach oben gebaut.

Um ganz genaue Abmessungen und Stärken des Betons zu erhalten und um Vorteile und Nachteile kennenzulernen, wurde diese Bauweise angewandt.

Das Umdrehen des Schiffskörpers erfolgte im Wasser mit der Hand.

Um die Form herzustellen, war sehr viel Zeit und Arbeitslohn er-

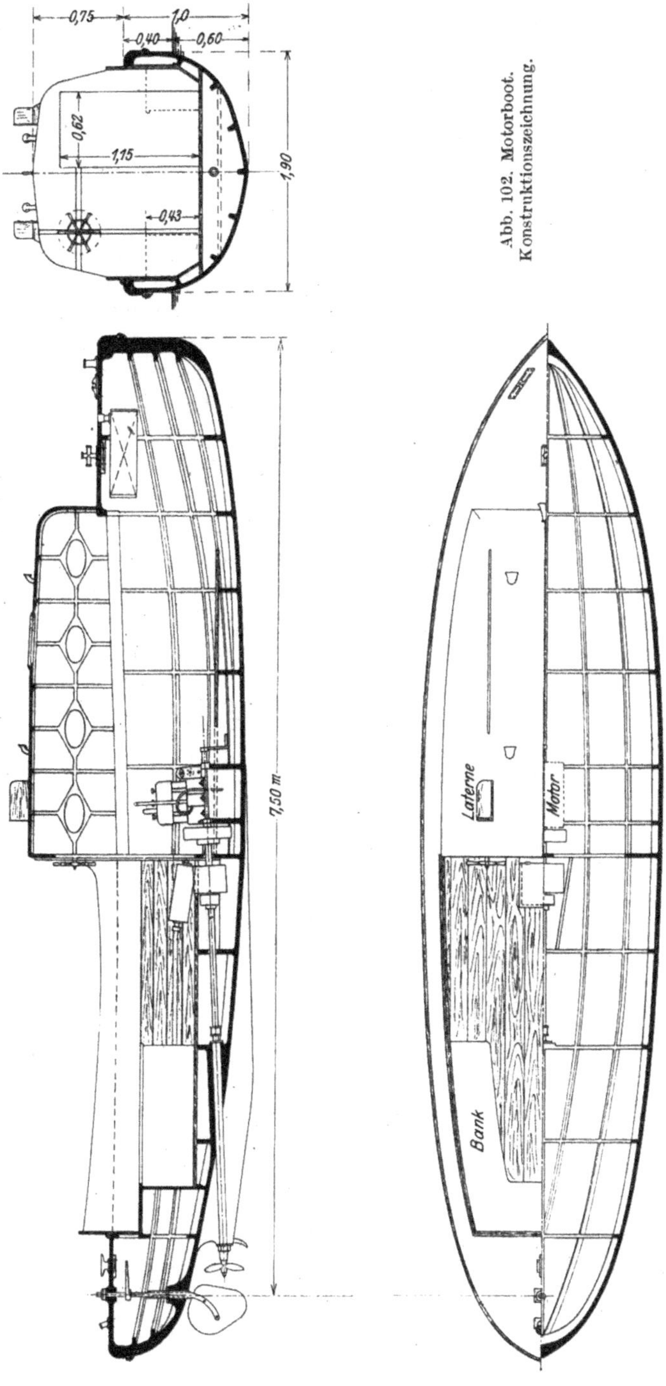

Abb. 102. Motorboot.
Konstruktionszeichnung.

forderlich. Wenn jedoch eine Holzform hergestellt worden wäre, hätte dies nicht weniger Arbeit erfordert.

Die Eiseneinlagen konnten leicht verlegt und geflochten werden.

Die Außenhaut erhielt ein doppeltes Geflecht aus $2^1/_2$ mm Draht von ca. $2^1/_2$ cm Maschenweite.

Die Spanten erhielten 4 bis 6 Stück 5 mm Rundeisen. Als oberer Längsverband wurden 14 Stück Durchmesser 5 mm angeordnet. Die Kajüte wurde gleichfalls mittels einer Gipsform nachträglich aus Eisenbeton ca. 2 cm stark aufgesetzt. Der Schiffskörper und die Kajüte sind mit zahlreichen Längs- und Querrippen versehen.

Vorn und hinten erhielt das Boot ein Kollisionsschott.

Die Bänke in der Kajüte und außerhalb derselben wurden gleichfalls aus Beton hergestellt und als wasserdichte Abteilungen ausgebildet.

Der Fußboden ist aus Holz hergestellt.

Der Vierzylinder-Benzolmotor, welcher in der Kajüte steht, leistet bei 600 Umdrehungen ca. 6 bis 8 PS.

Die sämtlichen Abmessungen und Eiseneinlagen wurden nicht rechnerisch, sondern nach praktischen Erfahrungen gewählt.

Der Schiffskörper war stark genug, so daß derselbe auf einer beliebigen Stelle an Land gezogen werden konnte.

Obwohl der Schiffskörper nur an einigen Punkten aufruhte, zeigten sich keine Risse.

Auch starke Grundberührungen hielt derselbe aus.

Das Boot wurde einmal bei sehr starkem Wellengang auf spitze Steine geschlagen und erhielt dabei eine kleine Zertrümmerung. Die Beschädigung war sehr stark lokal und wurde in der Zeit von einer Ebbe bis zur nächsten Flut vollständig beseitigt und wasserdicht hergestellt. Das Fahrzeug erhielt keinen Innen- und Außenanstrich. Die Wallschiene und die beiden kleinen Decksflächen vorn und hinten wurden mit einem Kieselsteinvorsatz, welcher künstlich ausgewaschen wurde, versehen.

Das Motorboot trägt den Namen „Zukunft", und sind die Buchstaben aus Mosaikplättchen hergestellt worden.

g) Arbeitsboot. Länge 6 m, Breite 1,45 m, Höhe 0,55 m, Tiefgang leer 0,30 m.

Das Arbeitsboot ist möglichst einfach hergestellt, weil dasselbe nur als Werftboot dienen soll.

Die Wände sind 3,5 cm, der Boden ist 4 cm stark. Das Boot hat eine hölzerne Wallschiene, welche einfach an das Schiff angenagelt ist.

Anmerkung: Der verwendete Leichtbeton ist nagelbar.

Vorn ist der Boden des Bootes aufgezogen und hinten stark abgerundet.

Der Fußboden ist aus Holz.

Abb. 103. Motorboot, fertig geflochten

Abb. 104. Motorboot, fertig betoniert.

Abb. 105. Motorboot nach dem Stapellauf.

Das Arbeitsboot ist so stark gebaut, daß es beliebig auf Grund zu liegen kommen kann, ohne daß irgendwelche Risse sich zeigen.

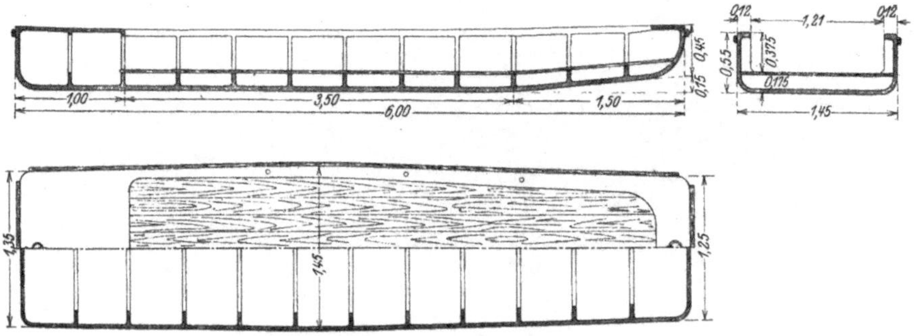

Abb. 106. Arbeitsboot. Konstruktionszeichnung

Abb. 107. Arbeitsboot, fertig geflochten.

h) Fischkutter mit Dampfmaschine.

Länge zwischen Perpendikel	22,00 m
Länge über alles	24,00 ,,
Breite	6,00 ,,
Seitenhöhe	2,80 ,,
Tiefgang vorn	2,00 ,,

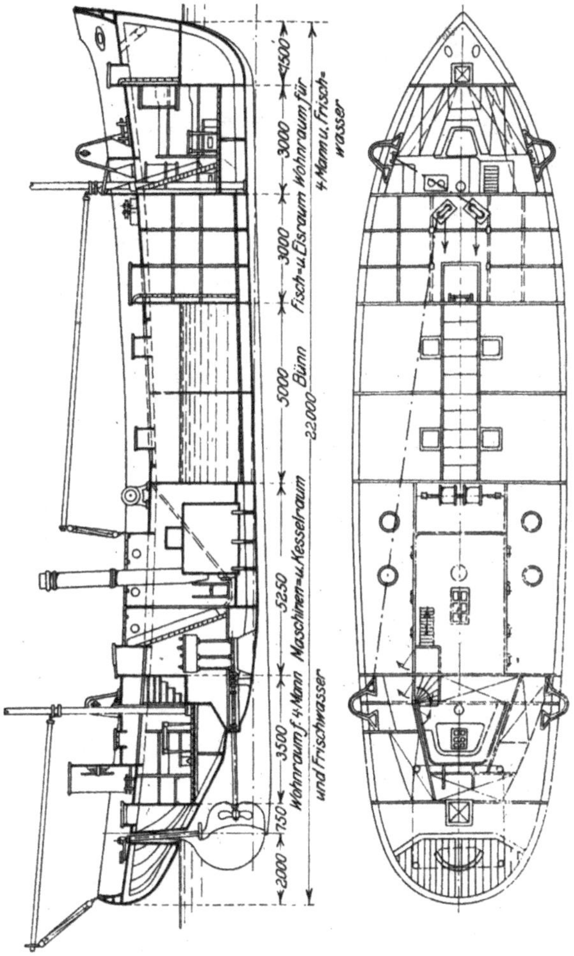

Abb 108. Fischkutter 22 m lang, Grundriß und Langsschnitt.

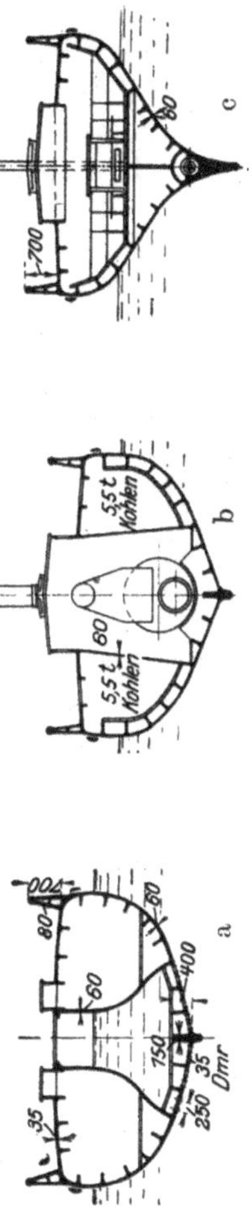

Abb. 109 a, b u. c. Fischkutter. Querschnitte.

Tiefgang hinten	2,40 m
Tiefgang Mitte	2,20 „
Wasserverdrängung	136 t
Eigengewicht des Schiffskörpers	70 t
Fischraum oder Eisraum	ca. 10 t
Bünnraum	20 t
Kohlenbunker	15 t
Speisewasser	6 t
Frischwasser	3 t
Trimmtank.	4 t
Kesselgewicht und Maschine	8 t
Segelfläche	ca. 130 qm

Dampfmaschine ca. 50 PS; Völligkeitsgrad 0,56; Fischwinde mit Dampfbetrieb.

Dieser Kutter fischt genau so wie ein Fischdampfer und hat demzufolge auch 4 Galjen und Königsroller.

Der Anker wird mittels der Netzwinde gelichtet.

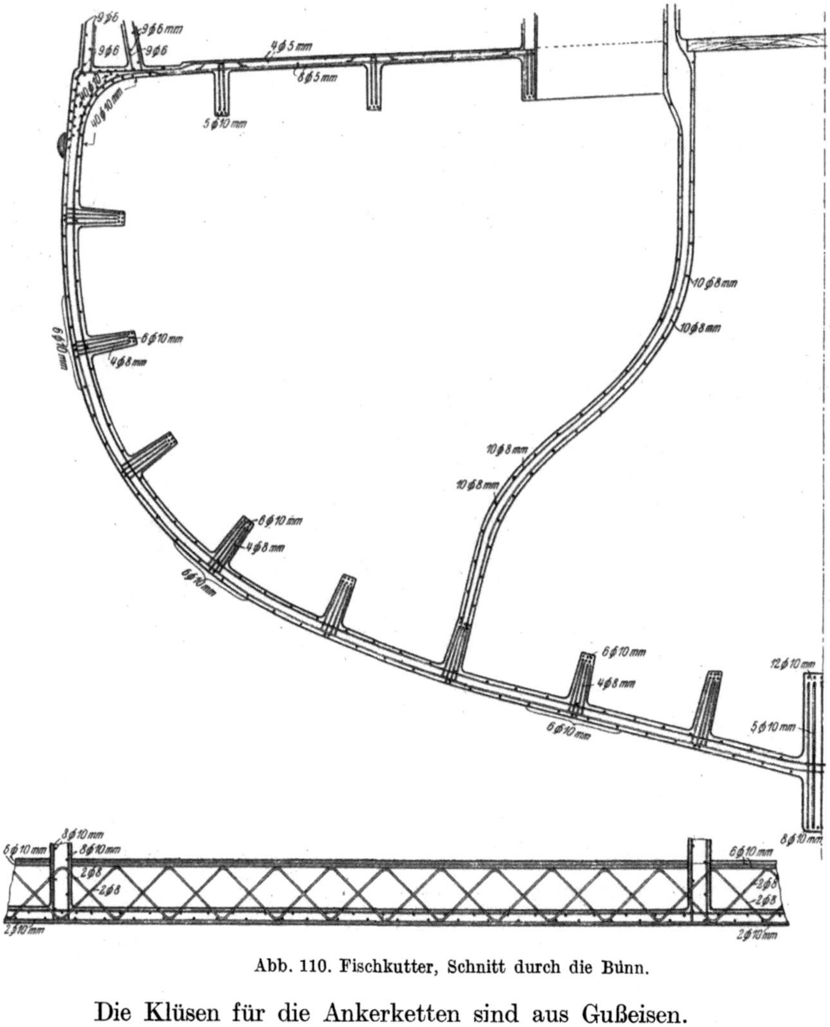

Abb. 110. Fischkutter, Schnitt durch die Bünn.

Die Klüsen für die Ankerketten sind aus Gußeisen.

Der Schiffskörper ist als reines Längsspantensystem mit zahlreichen Querschotten gebaut.

Die Schotten bilden einen starken Querverband, während das Kielschwein und die Deckslängsbalken den Längsverband in Verbindung mit der Außenhaut bilden.

Der Fischkutter enthält einen Wohnraum, Fischraum bzw. Eisraum, eine Fischbünn, den Maschinen- und Kesselraum und im Heck einen Inventarraum.

Zu beiden Seiten der Fischbünn sind Netzräume angeordnet, welche auch zur Aufbewahrung von Fischkisten und Körben benutzt werden können.

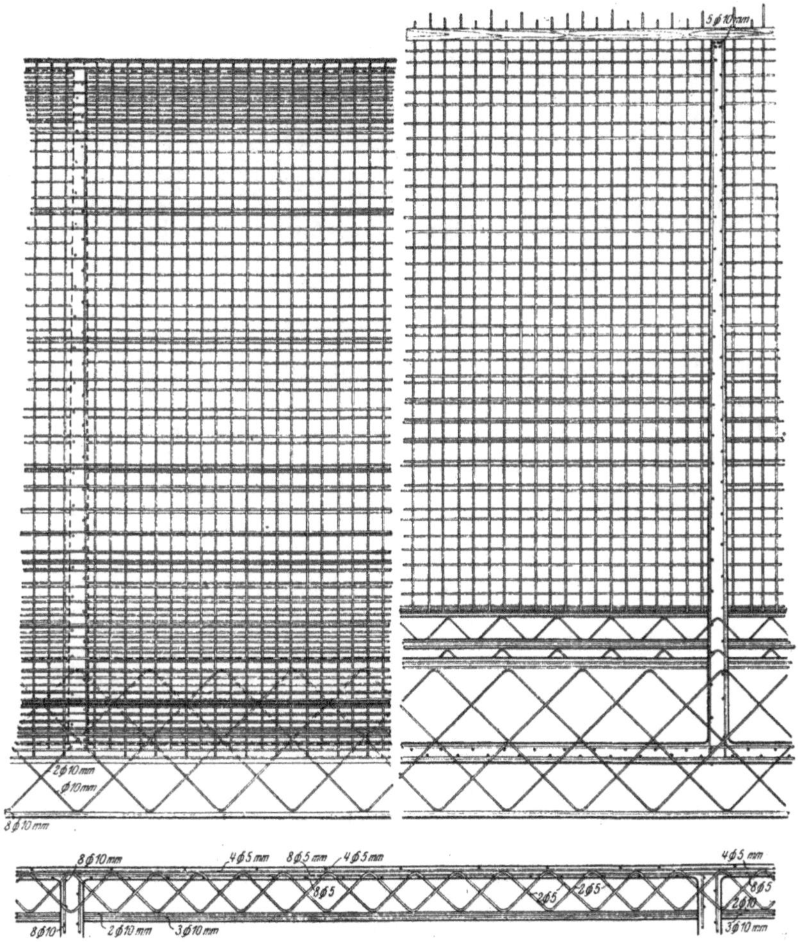

Abb. 111. Fischkutter, Zeichnung von den Eiseneinlagen.

Seitlich des Maschinen- und Kesselraumes sind Kohlenbunker für ca. 15 t Kohlen gelegt.

Der Kutter erhielt eine eiserne Wallschine, und die Außenhaut wurde über Wasser zum Schutze gegen Stöße von den Scherbrettern mit einem granitähnlichen Beton versehen.

Abb. 112. Fischkutter nach dem Einschalen.

Das Fahrzeug wurde auf einen Längshelgen im Gefälle 1 : 10 in schräger Lage gebaut.

Diese Bauart „Schotten mit Längsspanten" hat sich sowohl während des Baues als auch für Festigkeit bei geringem Gewicht als sehr vorteilhaft gezeigt.

Abb. 113. Fischkutter während des Flechtens.

i) Fischdampfer von 35 m Länge. Tragfähigkeit 75 t Kohlen und 50 t Fische, Länge 35 m, Breite 6,70 m, Seitenhöhe 4,20 m, Tiefgang in der Mitte 3,60 m.

Zusammenstellung der Gewichte des Fischdampfers bei der Ausfahrt:

1.	Eigengewicht des Schiffskörpers L.B.H. 0,185	=	182 t
2.	Holz, massiver Fußboden, Betonbehälter, Einrichtung und Ausrüstung usw.	=	56 t
3.	Maschinen- und Kesselanlage 350 PS 0.2 . .	=	70 t
4.	Bunkerkohlen	=	75 t
5.	Kesselspeisewasser	=	12 t
6.	Trinkwasser	=	5 t
7.	Eis	=	15 t
8.	Besatzung und Proviant	=	6 t
9.	Diverses und Reserve	=	10 t
		zusammen	431 t

$$\text{Völligkeitsgrad} \quad \frac{431}{35 \cdot 6{,}70 \cdot 3{,}60} = \delta = 0{,}51\,.$$

Maschine 350 PS als dreifache Expansions-Schiffsmaschine mit Oberflächenkondensation und Kulissensteuerung, für Heißdampfbetrieb; 320 · 520 · 820 mm Zylinderdurchmesser, Kolbenhub 580 mm, 13,5 Atm. Druck, 120 Umdrehungen pro Minute ca. 58% Füllung.

Kessel 3,40 m Durchmesser und 3 m Länge.

Auf der Rückreise:

1.	Eigengewicht des Schiffskörpers	=	182 t
2.	Holz, massiver Fußboden, Ausrüstung und Betonbehälter	=	56 t
3.	Maschinen und Kessel	=	70 t
4.	Kohlen	=	30 t
5.	Kesselspeisewasser	=	6 t
6.	Trinkwasser	=	2 t
7.	Besatzung und Proviant	=	4 t
8.	Ladung Fische	=	50 t
9.	Diverses und Reserve	=	10 t
		zusammen	410 t

Die Haupttragkonstruktion bildet ein gemischtes Quer- und Längsspantensystem. Man kann jedoch auch sehr vorteilhaft ein reines Längsspantensystem anordnen.

Die Behälter für Frischwasser und Trinkwasser usw. und die Deckaufbauten werden aus Eisenbeton hergestellt. Der Kessel kann evtl. bei Reparaturen herausgenommen werden.

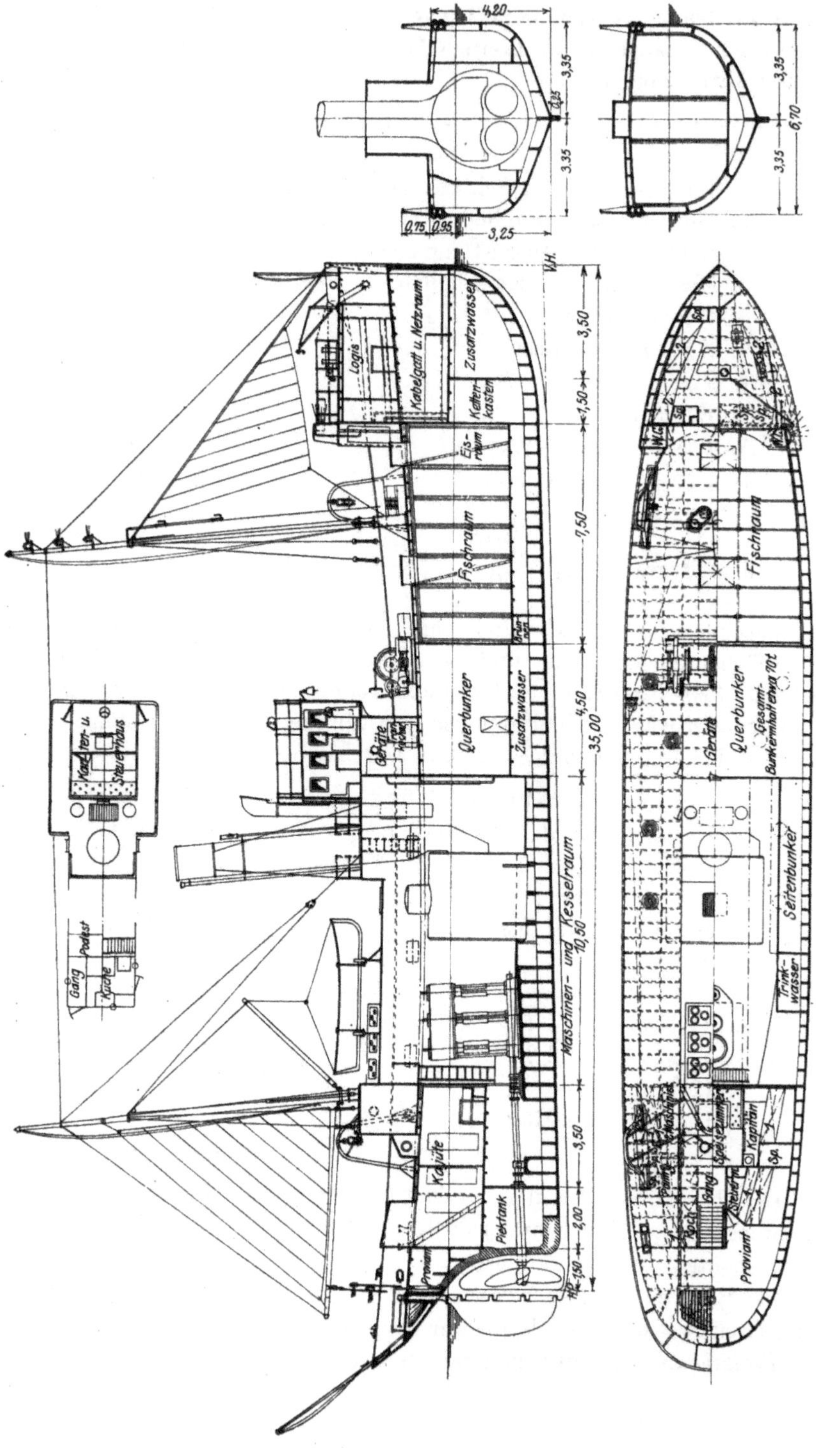

Abb. 114. Fischdampfer, 35 m lang

Auch das Schanzkleid wird aus Beton hergestellt; es muß jedoch dicht angeordnete Rippen erhalten und außerdem mit einer eisernen Relinghandleiste versehen werden.

Besondere Schutzeisen sind gegen die Stöße der Scherbretter vorgesehen. An diesen Stellen wird ein besonders harter Beton verwendet.

Die Wallschiene wird aus zwei Halbrundeisen gebildet, welche auf den verstärkten Wandplatten befestigt werden. Der Vordersteven soll durch ein starkes Eisenblech geschützt werden.

Der Hintersteven wird aus Beton, das Ruder und der Rudersteven werden aus Schmiedeeisen, Poller, Klampen und Ankerklüsen aus Gußeisen hergestellt.

k) Fischkutter mit Hilfsmotor.

Länge zwischen Perpendikeln	= 16,00 m
Länge über alles	= 18,00 ,,
Breite	= 5,60 ,,
Seitenhöhe	= 2,30 ,,

Wasserverdrängung: $16 \cdot 5{,}60 \cdot 1{,}80 \cdot 0{,}52 = 84$ cbm.

Eigengewicht: $16 \cdot 5{,}60 \cdot 2{,}30 \cdot 0{,}22 = 45{,}5$ t.

Der Motor muß mit Petroleum oder Rohöl laufen, nicht zu große Umdrehungszahlen haben und ca. 8 bis 12 PS leisten.

Die Kutter werden meist zum Fischen an Flußmündungen und für Wattenfahrt benutzt.

Der Motor soll hauptsächlich ermöglichen, auch bei Windstille fischen zu können.

Der Motor muß möglichst einfach in der Bedienung sein, da die Fischer keine Kenntnisse von Motoren haben.

Die Segel müssen so groß sein, daß der Kutter ohne Benutzung des Motors ca. 8 kn läuft.

Die Fischkuttereinrichtung und auch besondere Schiffstypen haben sich in den letzten Jahrzehnten aus Erfahrungen entwickelt.

Als bekannter guter Kutter gilt der Finkenwärder Fischkutter, welcher aus einem englischen Kutter entstanden ist.

l) Donauschleppkahn, 700 t Tragfähigkeit.

Länge zwischen Perpendikeln	= 58,00 m
Länge über alles	= 59,20 ,,
Breite	= 8,00 ,,
Seitenhöhe	= 2,55 ,,
Tiefgang bei 674 t	= 2,15 ,,
Tiefgang bei 750 t	= 2,30 ,,
Tiefgang leer	= 0,45 ,,
Freibord (bei 676 t Ladung)	= 0,40 ,,
Eigengewicht des Schiffskörpers	= 136 t
Gewicht der Einrichtung und Ausrüstung	= 44 t

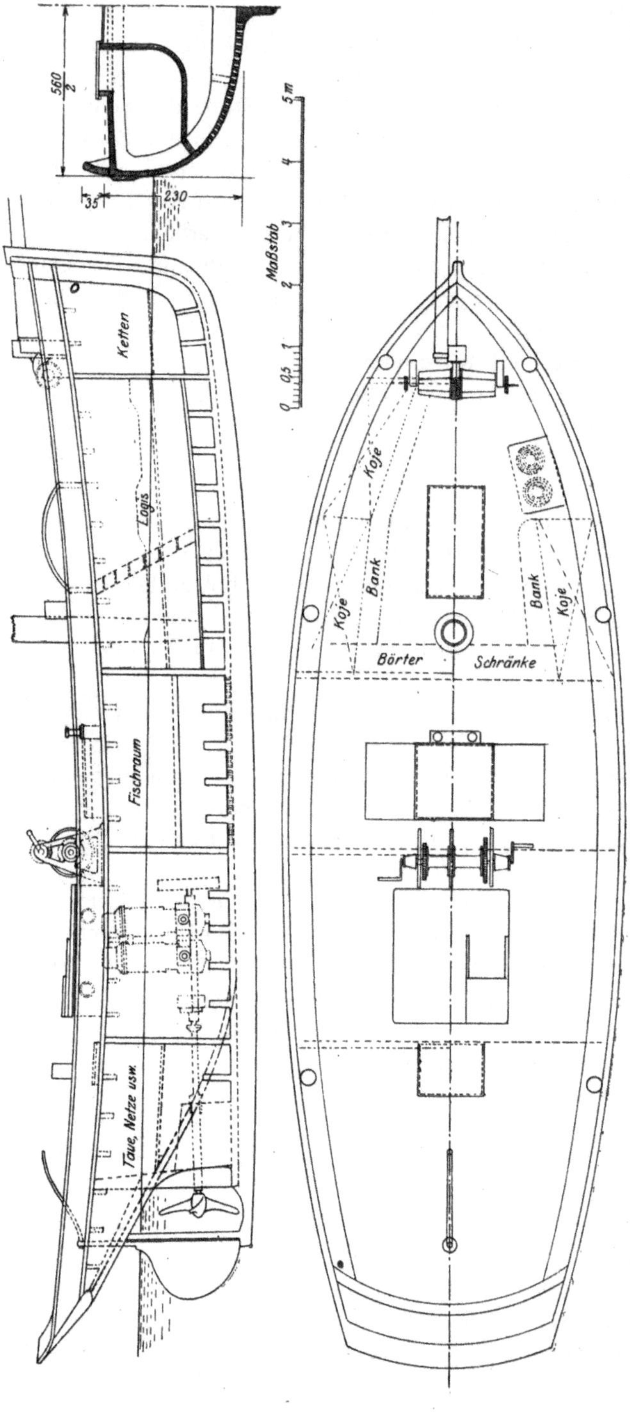

Abb. 115. Fischkutter mit Hilfsmotor.

Der Donauschleppkahn hat 4 Laderäume, welche durch wasserdichte Schotten begrenzt werden; außerdem sind vorn und hinten Kollisionsschotten angeordnet.

Besonders stark muß hier der Längsverband hergestellt werden, weil der Schiffskörper im Verhältnis seiner Länge viel zu niedrig ist.

Ein gewöhnlicher Schiffskörper hat ca. $^1/_{10}$ bis $^1/_{12}$ der Länge als Seitenhöhe, der Donauschleppkahn hingegen hat $^1/_{22}$ bis $^1/_{24}$ der Länge als Seitenhöhe.

Die Schiffe dürfen infolge ihres geringen Widerstandsmomentes nicht ungleichmäßig beladen werden. In der Berechnung werden ca. 25% Ladedifferenz angenommen.

Sehr groß sind auch die aufzunehmenden Scherkräfte des ganzen Schiffes in den Außenwänden.

Vorn und hinten müssen in den Wänden zahlreiche Eiseneinlagen unter 45° in beiden Richtungen eingelegt werden. Diese Eiseneinlagen bilden daselbst ein schräges Maschengeflecht.

Da im Deck große Längsspannungen entstehen, müssen zur Ver-

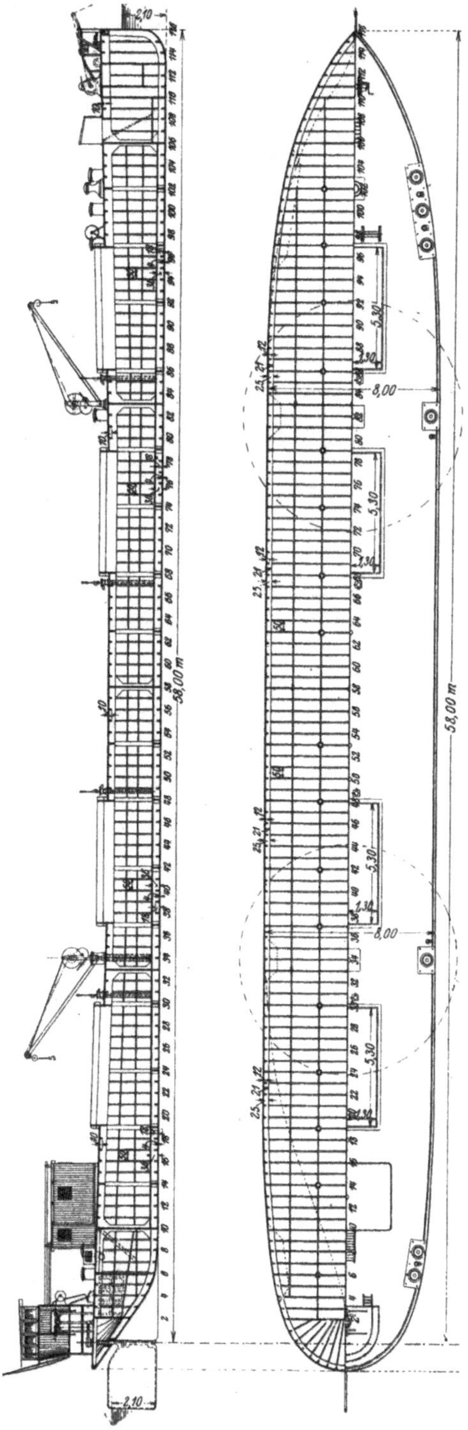

Abb. 116. Donauschleppkahn, 700 t Trgf., Längsschnitt und Grundriß.

meidung von Rissen zahlreiche recht lange Eiseneinlagen in das Deck eingelegt werden, welche jedoch bei der Berechnung des Längsverbandes mit herangezogen werden können.

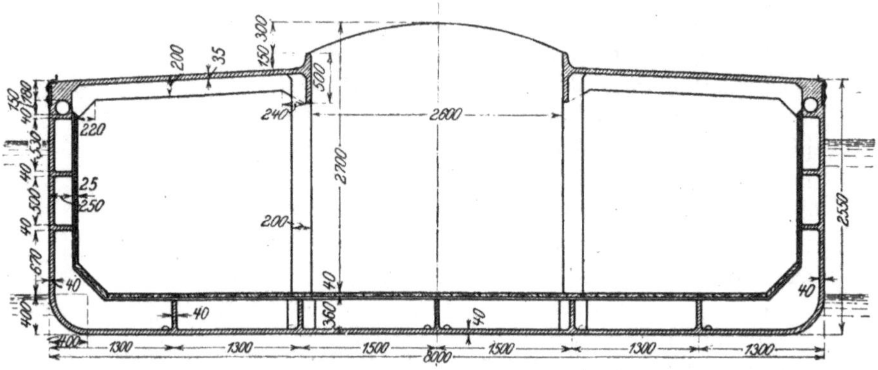

Abb 117. Donauschleppkahn, Hauptspant

Trotz des geringen Wasserdruckes ist es unter Berücksichtigung der auftretenden Stoßkräfte unbedingt notwendig, eine dichte Spantenteilung anzuordnen.

Die Wände müssen 4 cm und der Boden muß 4,5 cm stark hergestellt werden. Die Spanten müssen 25 cm und die Bodenbalken 36 cm hoch sein.

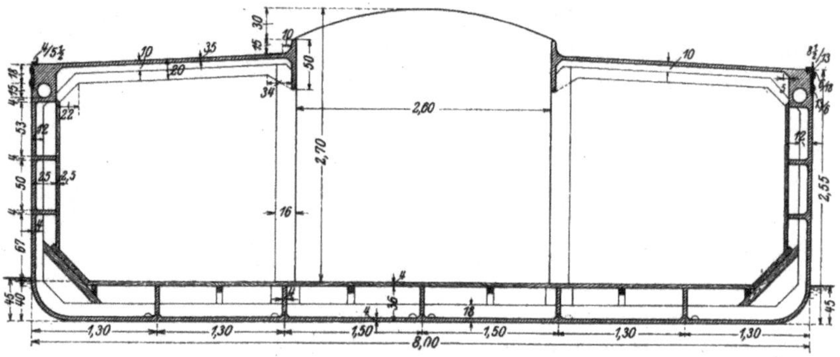

Abb. 118. Donauschleppkahn, Querschnitt.

Sämtliche Rippen und Balken müssen eine Stärke von 4 cm haben. Die Wand- und Bodenplatten müssen doppelt und kreuzweise armiert werden. Sämtliche Spanten und Bodenbalken usw. erhalten auch doppelte Eiseneinlagen. Besonders stark müssen die Eiseneinlagen in den Ecken gemacht werden.

Die Stützen müssen mit dichten Eiseneinlagen umschnürt werden.

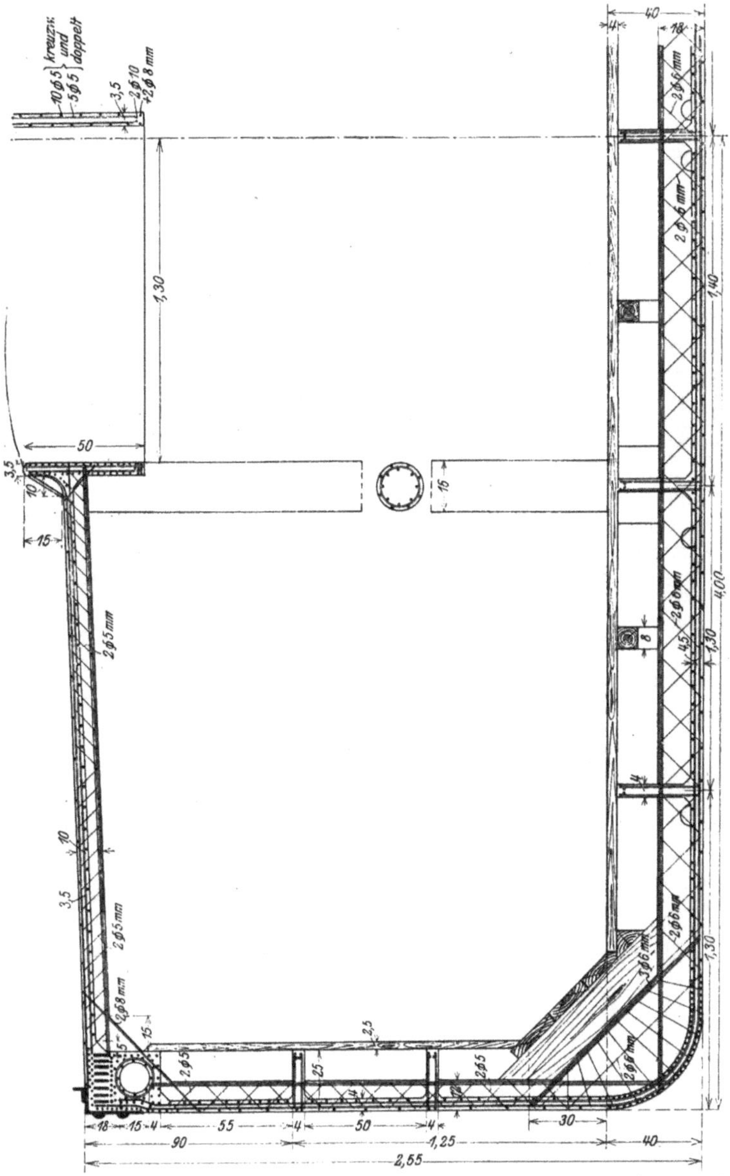

Abb 119. Donauschleppkahn, Schnitt durch die Spanten.

Die Spanten, Balken, Rippen usw. erhalten gitterförmige Eiseneinlagen als Scherbügel; außerdem sind gekreuzte Eiseneinlagen angeordnet.

Besonders schwierig ist es, ein geringes Eigengewicht, welches nicht viel größer ist als bei eisernen Schiffen, zu erhalten.

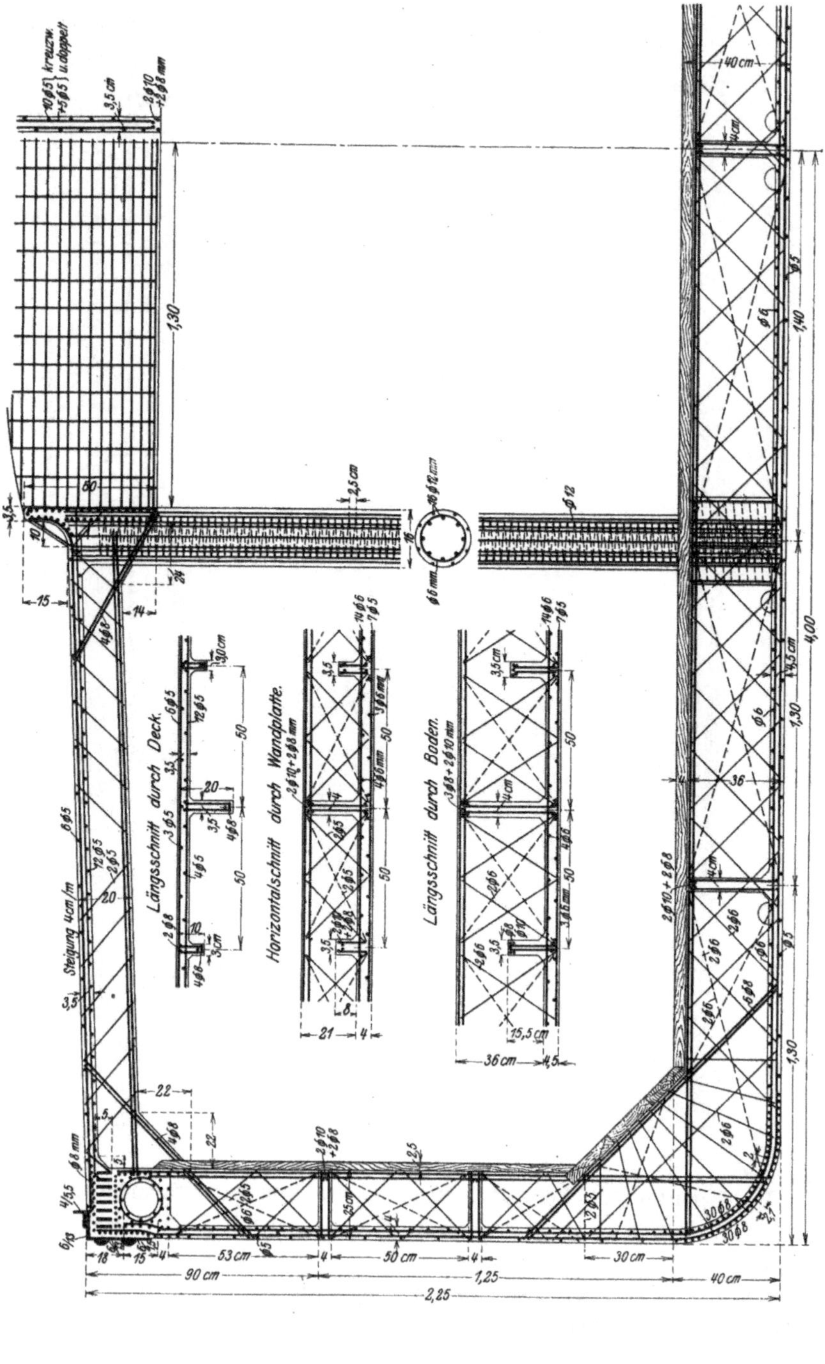

Abb. 120. Donauschleppkahn, Schnitt durch die Rahmenspanten.

Ohne leichtes Material und sehr gute Konstruktion ist dies nicht möglich.

Ein eiserner Schiffskörper wiegt ca. 116 t.

Ein Eisenbeton-Schiffskörper aus Leichtbeton wiegt ca. 136 t.

Ein Eisenbeton-Schiffskörper aus Kiesbeton wiegt ca. 235 t.

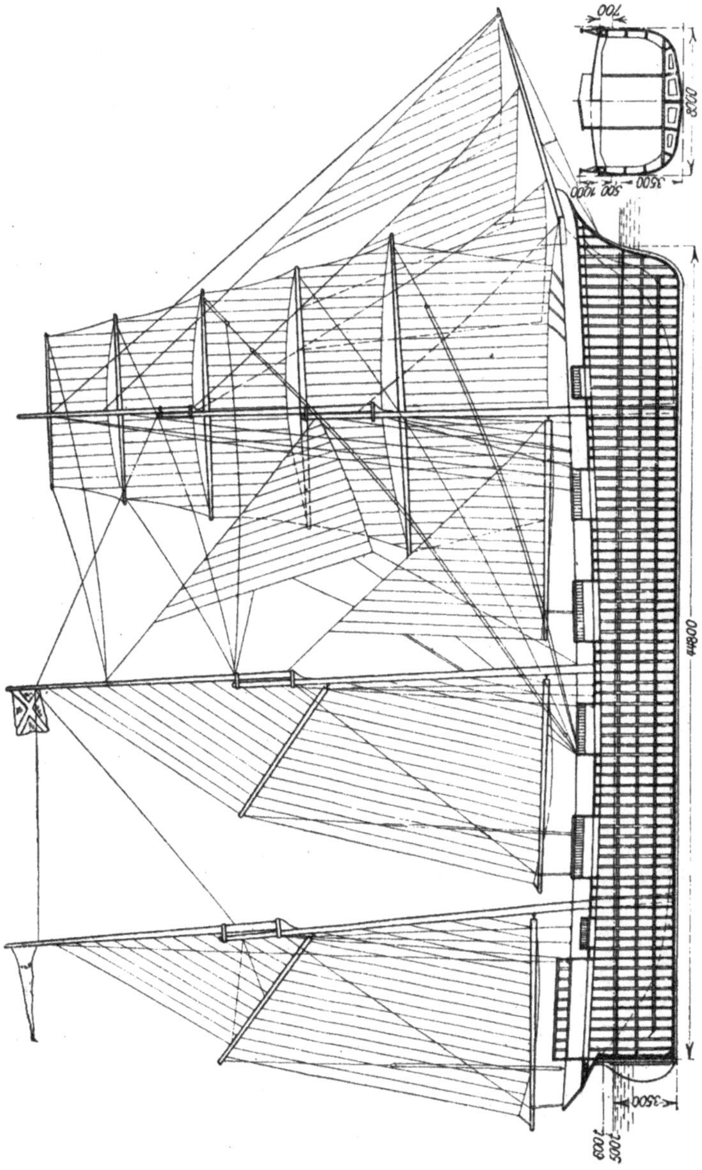

Abb. 121. Segelschiff, Längsschnitt und Hauptspant.

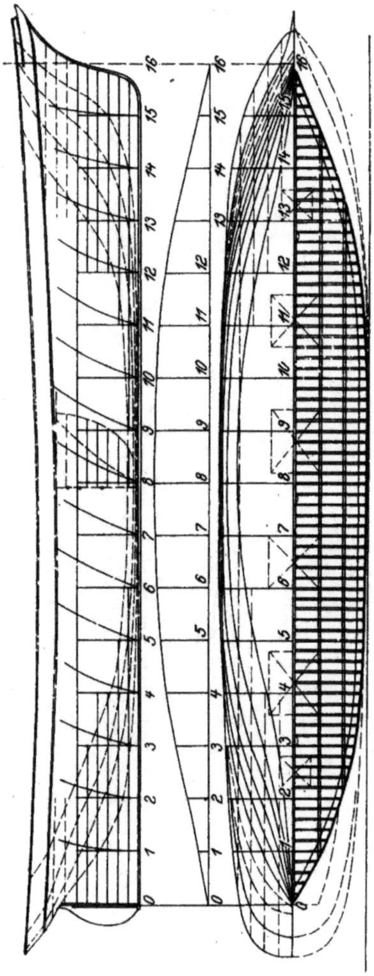

Abb. 122. Segelschiff, Linienriß und Grundriß

Der Tiefgang (leer) eines Betonschiffes aus gewöhnlichem Kiesbeton beträgt demnach ca. 70 cm. Wenn die Konstruktion des Schiffskörpers nicht besonders gut durchdacht ist, wird der Tiefgang ca. 90 cm betragen. Das größere Eigengewicht des Schiffskörpers durch Änderungen der Abmessungen auszugleichen, ist ein Trugschluß; denn diese Schiffe haben seit Jahren ausprobierte Formen und Größenverhältnisse.

m) Segelschiff von 500 t Tragfähigkeit. Länge 44,80 m, Breite 8 m, Seitenhöhe 4,70 m, Tiefgang beladen 4 m.

Wasserverdrängung: 44,80 · 8 · 4 · 0,56 = 800 cbm.

Eigengewicht: 44,80 · 8 · 4,70 · 0,16 = 270 t.

Einrichtung und Ausrüstung: ca. 30 t.

Der Schiffskörper erhält ein gemischtes Längs- und Querspantensystem. Die Querspanten können sehr schwach gehalten werden, weil die Schotten mit Längsbalken das tragfähige Hauptgerippe bilden. Auch als reines Längsspantensystem kann man den Segler vorteilhaft konstruieren. Die Masten werden aus Holz hergestellt und stehen auf den Bodenwrangen bzw. auf dem Kielschwein.

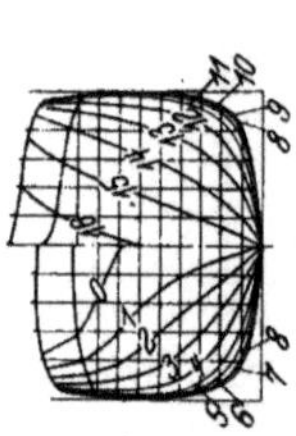

Abb. 123. Segelschiff, Spantenriß.

Der Segler erhält einen massiven Doppelboden und Seitenwegerung aus Holz.

Damit das Fahrzeug auch bei Windstille fahren kann, erhält es einen 60—80 PS Hilfsmotor für Rohölbetrieb, welcher im hinteren Teil des Schiffes eingebaut wird.

Die Schotten sind so dicht angeordnet, daß der Segler auch nicht sinken kann, wenn zwei nebeneinander liegende Räume sich mit Wasser füllen sollten.

Im Vorderschiff sollen die Mannschaftsräume, Frischwasserbehälter und der Kettenkasten untergebracht werden.

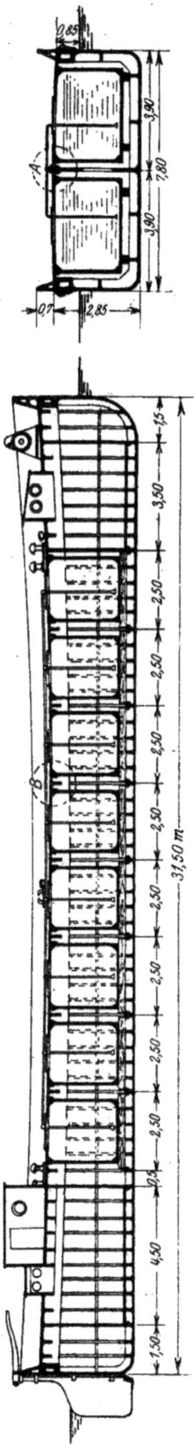

Im Hinterschiff sollen sich der Hilfsmotor, die Räume für die Maschinisten, den Kapitän und den Steuermann und die Küche befinden.

n) **Ölprahm von 200 t Tragfähigkeit** mit eingebauten Behältern. Länge 31,5 m, Breite 7,80 m, Seitenhöhe 2,85 m, Tiefgang beladen 2 m.

In diesen Ölprahm sollen 16 Stück Ölbehälter aus Eisenbeton, welche herausgenommen werden können, eingebaut werden.

Die Behälter werden außerhalb des Schiffes hergestellt und mit einem öldichten und von Petroleum, Benzol, Rohöl usw. nicht aufzulösenden Anstrich versehen.

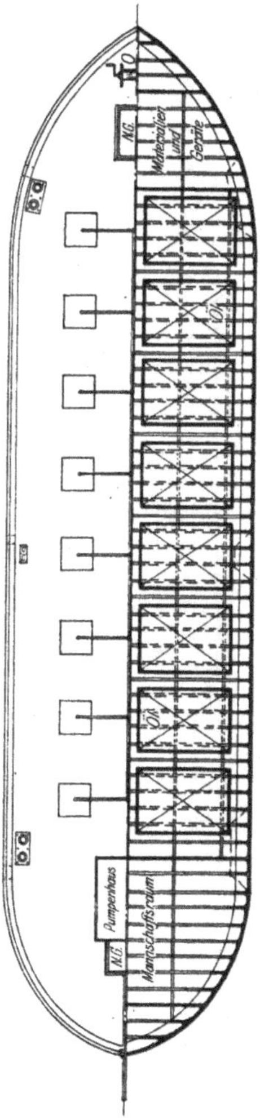

Abb. 124. Ölprahm, Konstruktionszeichnung.

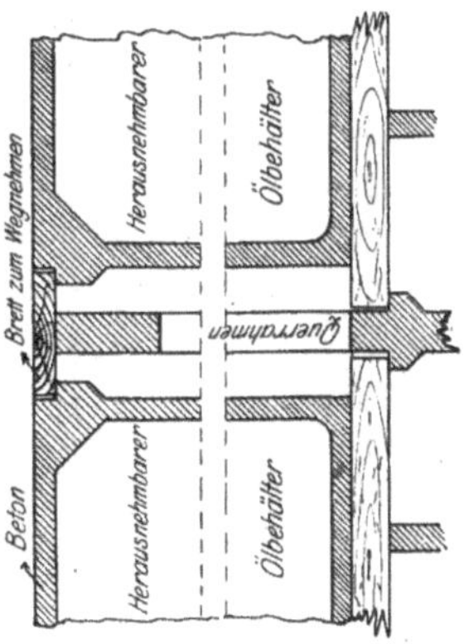

Abb. 126. Ölprahm, Detailzeichnung-Längsschnitt.

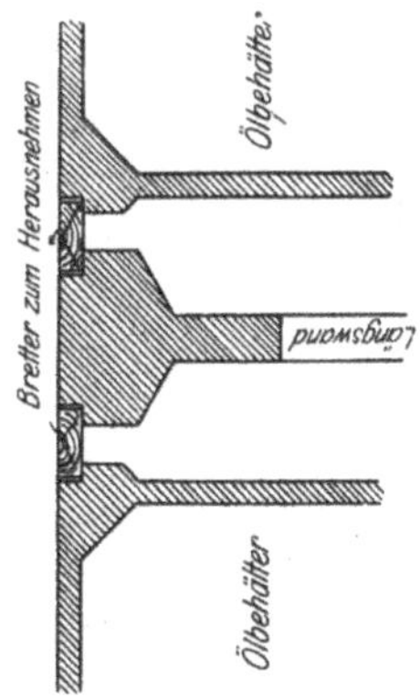

Abb. 125. Ölprahm, Detailzeichnung-Querschnitt.

Damit etwaige Stöße von außen nicht auf die Behälter übertragen werden können, sind zwischen der Außenwand und den Behältern Holzbohlen angeordnet.

Zwischen jedem Behälter ist ein Versteifungsbalken von Bord zu Bord herzustellen. Zur Erhöhung der Längssteifigkeit ist ein durchbrochenes Längsschott angeordnet.

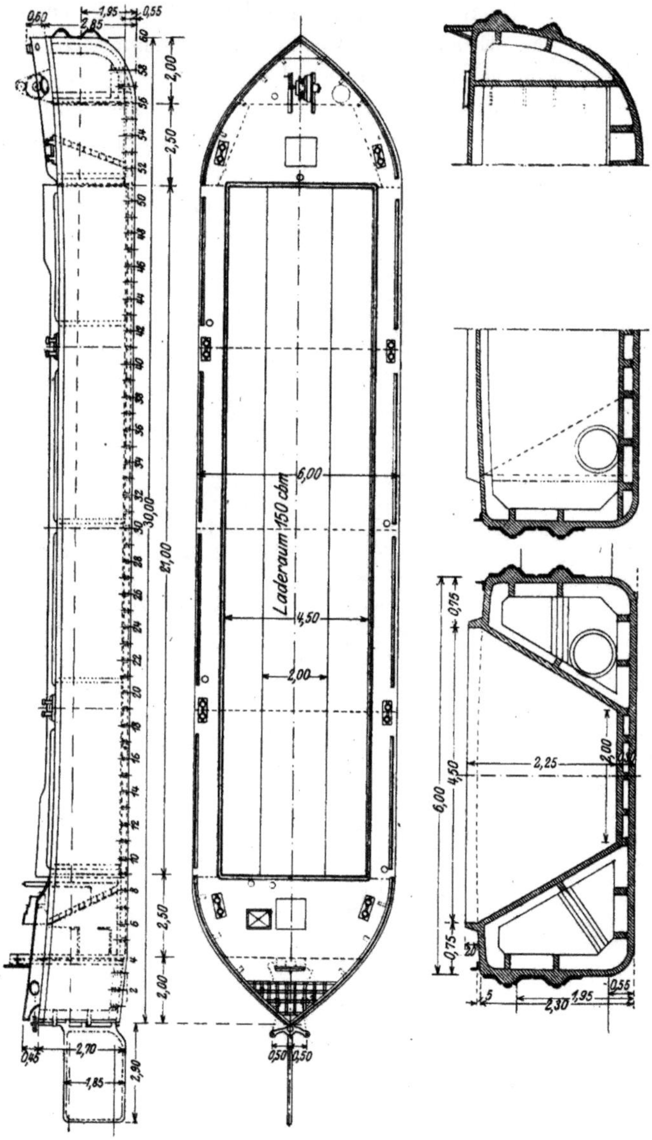

Abb. 127. Baggerschute.

Die Rohrleitung und das Pumpenhaus sind auf Deck verlegt. Sämtliche Behälter müssen vollständig dicht verschraubt sein.

o) **Klapp- und Baggerschute.** a) Klappschute. Tragfähigkeit 100 cbm Asche oder Schlacke. Länge 25,50 m, Breite 6,40 m, Seitenhöhe 2 m, Tiefgang beladen 1,40 m, Freibord 0,60 m.

Eigengewicht: $25{,}50 \cdot 6{,}40 \cdot 2 \cdot 0{,}28 = 92$ t.

Tragfähigkeit: 100 t.

Wasserverdrängung: $25{,}50 \cdot 6{,}40 \cdot 1{,}40 \cdot 0{,}84 = 192$ cbm.

Laderaum = 110 cbm.

Wasserdichte Hohlräume bis Oberkante $25{,}50 \cdot 6{,}40 \cdot 2 \cdot 0{,}84 = 275 - (110 - 20) = 185$ cbm.

Die Schute kann demnach, voll beladen mit fettem Lehmboden, 2200 kg/cbm ca. 80 cbm = 176 t tragen.

Die Klappschute muß so viele wasserdichte Abteilungen haben, daß dieselbe beladen nicht sinken kann, auch wenn die Bodenklappen nicht wasserdicht schließen.

Der Leertiefgang beträgt ca. 65 cm.

Die Klappen werden mittels Ketten und einer Welle, welche vor und hinter den Laderäumen betätigt werden, geöffnet und geschlossen. Im Vorderschiff sollen die Wohnräume, im Hinterschiff Inventar und Geräte untergebracht werden.

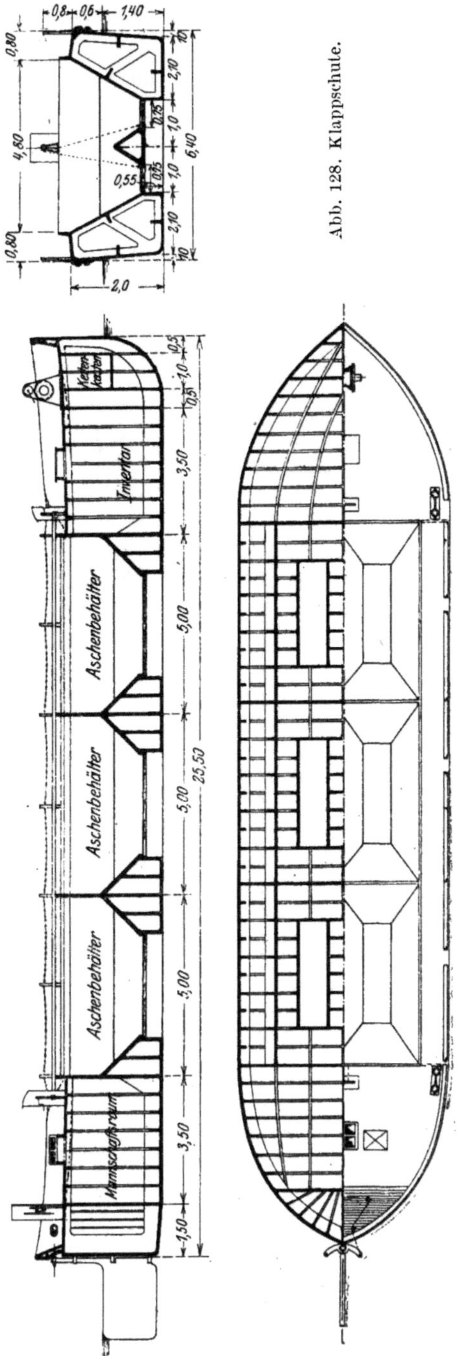

Abb. 128. Klappschute.

Sämtliche wasserdichten Abteilungen sind durch Mannlöcher zugänglich gemacht.

b) Baggerschute. Die Baggerschute ist ähnlich wie die Klappschute konstruiert, nur daß die Ladung in einem großen glatten Raum untergebracht ist.

Die wasserdichten Abteilungen sind durch Schotte getrennt und durch Mannlöcher zugänglich.

VI. Einzelkonstruktionen im Eisenbetonschiffbau.

1. Befestigung des Ruders (siehe Abb. 25 bis 29). Das Ruder wird mittels Fingerlingen am Rudersteven befestigt und am Deck durch eine Platte gelagert. Der Rudersteven wird drei- bis viermal mit dem Hinterschiff verankert. Die Anker besitzen die Form einer Gabel und greifen sehr tief in den Schiffskörper ein.

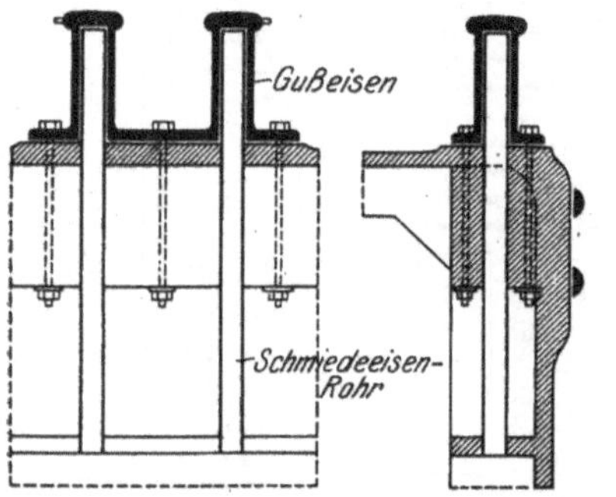

Abb. 129. Befestigung eines gußeisernen Pollers.

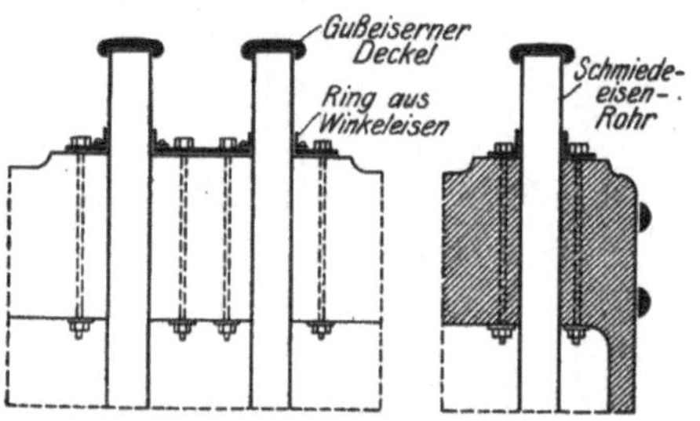

Abb. 130. Befestigung eines schmiedeeisernen Pollers.

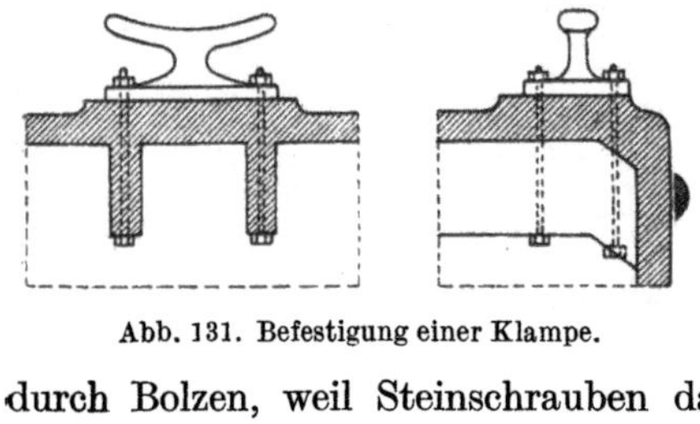
Abb. 131. Befestigung einer Klampe.

2. Befestigung der Poller. Große Schleppoller müssen gut mit dem Schiffskörper verbunden werden. Es genügt nicht, dieselben mit dem Deck zu befestigen. Bei gußeisernen Pollern ist es ratsam, schmiedeeiserne Rohre gleich mit eingießen zu lassen, welche dann in die Stringer eingegossen werden.

3. Befestigung der Klampen. Die Befestigung der Klampen erfolgt durch Bolzen, welche in das Deck möglichst tief eingegossen werden. An diesen Stellen wird das Deck verstärkt, und zwar durch kleine Balken (Wechsel) längs oder quer. In diese Balken werden die Bolzen eingegossen.

4. Befestigung der Wallschiene. Die Befestigung der Wallschiene erfolgt am besten durch Bolzen, weil Steinschrauben das Auswechseln und evtl. Reparieren verhindern. Auch kann man mit Bolzen die Wallschiene besser befestigen. Die Bolzen müssen sehr dicht, fast ähnlich wie Nietenreihen, angeordnet werden (siehe Abb. 45 bis 51).

5. Befestigung des Vorderstevens. Der Vordersteven wird entweder

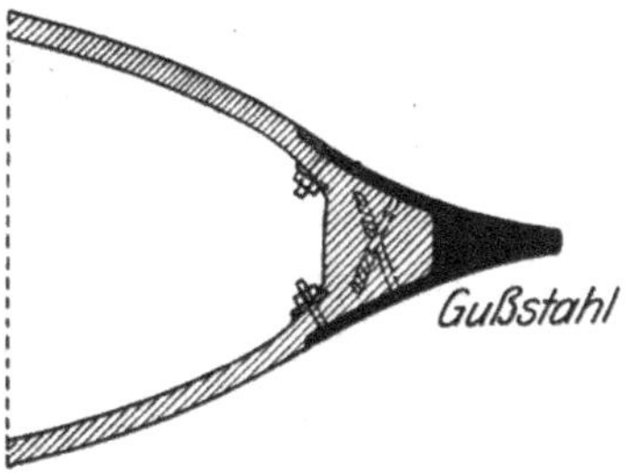

Abb. 132. Befestigung des Vorderstevens aus Gußeisen.

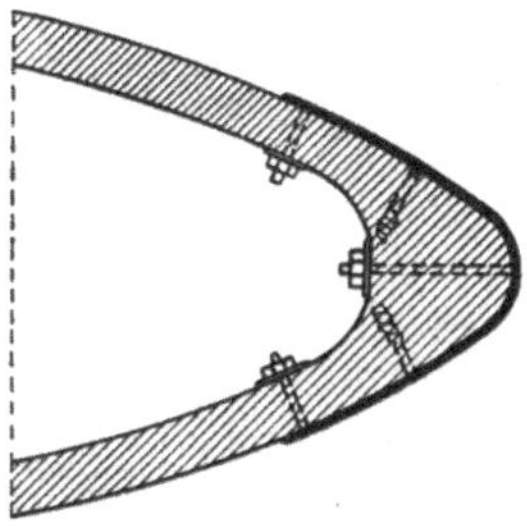

Abb. 133. Befestigung des Vorderstevens aus Schmiedeeisen.

durch ein Blech geschützt, oder es wird ein schmiedeeisener Steven entsprechend ausgeschmiedet und eingegossen. Am besten ist es, den Steven bzw. das Stevenschutzblech vor der Herstellung des Eisengeflechtes auf die Schalung zu legen und dann später gleich mit einzugießen.

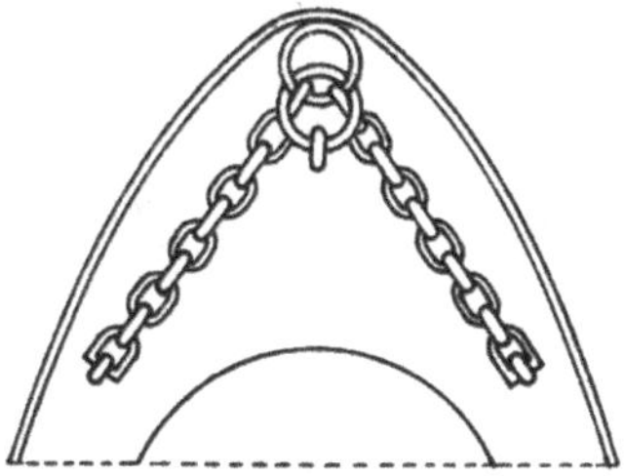

6. Konstruktion des Schleppzeuges (siehe Teil IV). Schute von 80 bis 100 t Tragfähigkeit.

7. Deckel, Mannlöcher und Rohrbefestigung. Deckel und Mannlöcher versieht man stets mit einem eisernen Rahmen, welcher mit in den Beton eingegossen wird. Diese Rahmen werden mittels Bolzen mit dem Beton fest verbunden. Ausflußröhren werden durch zwei Flanschen, welche mittels des Gewindes auf das Rohr aufgeschraubt sind, und durch Bolzen befestigt.

8. Befestigung der Winden. Die Winden müssen nicht mit der Decksplatte, sondern mit den Decksbalken befestigt werden. Sind an diesen Stellen keine Balken vorhanden, so müssen entsprechende Wechselbalken angeordnet werden.

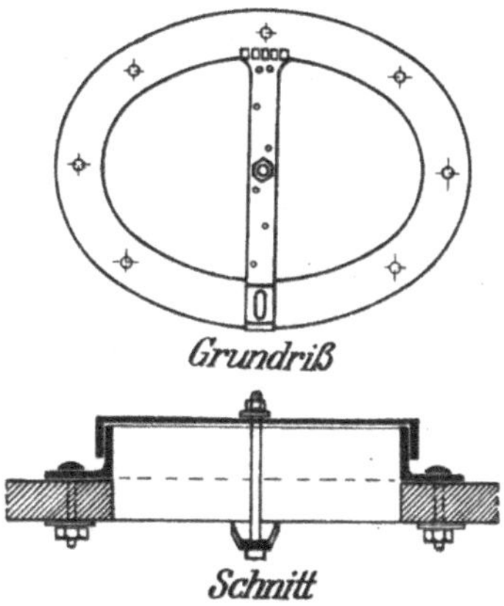

Abb. 135. Befestigung eines Mannlochdeckels.

Um starke Zugkräfte der Winden aufnehmen zu können, werden Verankerungen der Winden mit den Bodenwrangen notwendig. Diese Verankerungen werden in Stützen eingegossen und umkleidet.

9. Befestigung der Masten. Die Masten werden auf die Bodenwrangen aufgestellt. Um eine Verteilung der Lasten zu erzielen, wird ein Querbalken auf die Bodenwrangen unter die Masten gelegt. Die Befestigung der Masten an Deck erfolgt mittels Holzkeilen, welche zwischen einen eisernen Ring und den Mast getrieben werden.

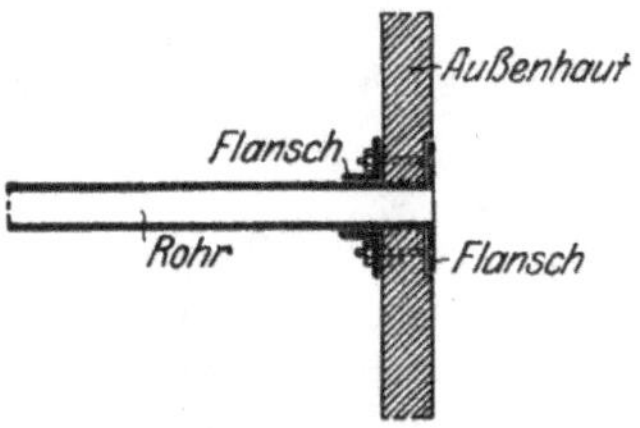

Abb. 136. Befestigung eines Rohres an der Außenhaut

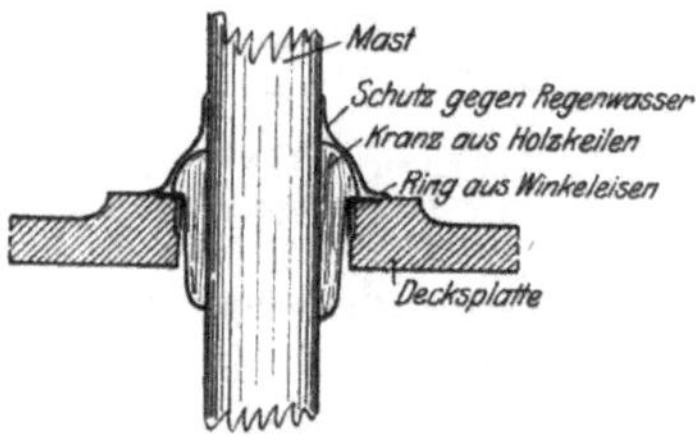

Abb. 138. Befestigung eines Mastes.

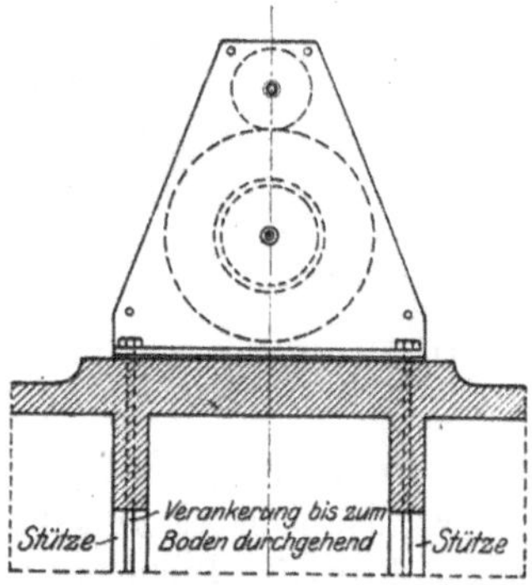

Abb. 137. Befestigung einer Winde.

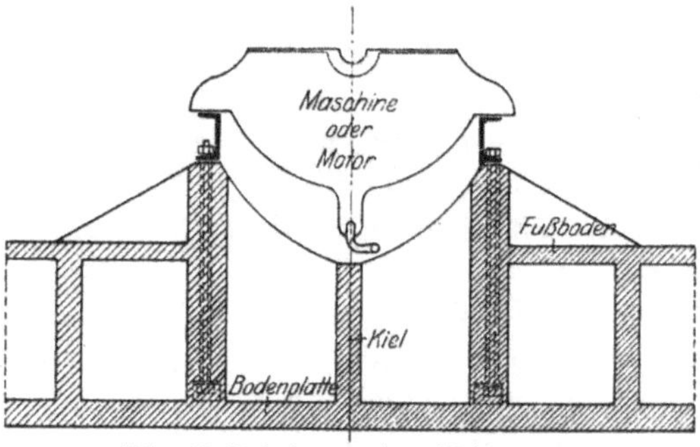

Abb. 139. Befestigung eines Motores.

10. Lagerung von Maschinen. Um Maschinen mit starken Erschütterungen zu befestigen, legt man zwischen die Maschine und die Bodenrippen ein eisernes Trägerrost aus Längs- und Querträgern. Diese Träger werden nach oben mittels Bolzen mit der Maschine verschraubt. Nach unten wird das Trägerrost mittels zahlreicher Steinschrauben befestigt.

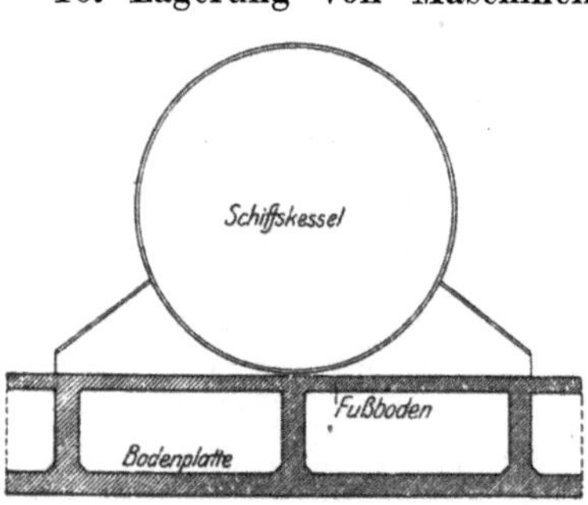

Abb 140 Lagerung eines Dampfkessels.

VII. Leitsätze über Eisenbetonschiffbau.

Vorschläge vom Verfasser.

a) Allgemeines.

1. Für die Berechnung und Ausführung von Eisenbetonschiffbauten sollen im allgemeinen die

Preußischen Bestimmungen für die Ausführung von Konstruktionen aus Eisenbeton bei Hochbauten

vom 24. Mai 1907 maßgebend sein.

2. Die zulässigen Spannungen des Flußeisens (Moniereisen) soll 1200 kg/cm² nicht überschreiten.

Bei Verwendung von Stahleisen oder Schiffsbaustahl muß mindestens vierfache Sicherheit vorhanden sein.

3. Die zulässige Beanspruchung des Betons soll 40 kg/cm² nicht überschreiten; hierbei muß der Beton nach 6 Wochen eine Würfelfestigkeit von mindestens 160 kg/cm² besitzen.

Der Schiffskörper muß bei Ingebrauchnahme mindestens 6 Wochen alt sein. Soll der Schiffskörper vorher in Gebrauch genommen werden, so muß der Beton eine höhere Festigkeit besitzen. Der Beton eines älteren Schiffskörpers muß bei Ingebrauchnahme eine vierfache Druckfestigkeit, als in der Berechnung angenommen, besitzen.

4. Für die Ausführung von Schiffsbauten soll Stampfbeton nicht verwendet werden, sondern nur Gußbeton oder mittels Preßluft hergestellter Beton.

5. Die Stöße der Eiseneinlagen dürfen 25% des betreffenden Eisenquerschnittes nicht überschreiten und müssen alle Eisen mindestens um das 50fache des Stabdurchmessers übergreifen.

Die Stöße der Eisen des Längsverbandes dürfen 10% des in Rechnung gezogenen Eisenquerschnittes nicht überschreiten und sollen alle gestoßenen Eisen mindestens um das 100fache des Querschnittes übergreifen.

Geschweißte Eisen dürfen nur mit $^2/_3$ des Querschnittes in Rechnung gestellt werden.

6. Zur Aufnahme der Scherkräfte infolge Stoßkräfte sollen sämtliche Rippen, Spanten, Bodenwrangen, Kielschweine und Stringer nach beiden Richtungen schräge, unter 45° liegende, doppelte Bügel erhalten.

Bei 4 cm breiten Rippen sollen ca. 4 mm-Bügel, bei 5 cm breiten Rippen ca. 5 mm-Bügel usw. verwendet werden.

7. Der Prozentsatz der Eiseneinlagen soll mindestens so groß sein, daß auf 1 cbm Beton ca. 250 kg Eisen kommen.

8. Die Eiseneinlagen der Spanten, Bodenwrangen, Stringer usw. sollen aus dem Eisenschiffbau bemessen werden, indem man das Moment,

welches der entsprechende Teil in der Eisenkonstruktion aufnehmen kann, gleich dem aufzunehmenden Moment der Eisenbetonkonstruktion setzt und hiernach die Eiseneinlagen bestimmt.

b) Konstruktion und Abmessungen.

1. Die größte Spantenentfernung soll bei Schiffskörpern bis 20 t Tragfähigkeit 25 cm betragen. Bei Schiffskörpern von 20—2000 t Tragfähigkeit 50 cm, und bei Schiffskörpern über 2000 t Tragfähigkeit nicht über 75 cm.

2. Die Wandplatten sollen bei Flußschiffen und solchen für den Hafenverkehr bis zu 150 t Tragfähigkeit mindestens 4 cm und die Bodenplatten 5 cm stark sein. Boote bis 15 t Tragfähigkeit können geringere Abmessungen erhalten. Flußschiffe über 150 t Tragfähigkeit müssen mindestens 4,5 cm starke Wände und 5,5 cm starke Bodenplatten besitzen.

3. Schiffe für kleine Küstenfahrt müssen 5 cm starke Wände und 6 cm starke Bodenplatten erhalten.

Schiffe für große Küstenfahrt müssen 6 cm starke Wände und 7 cm starke Bodenplatten, Schiffe für atlantische Fahrt müssen mindestens 7 cm starke Wände und 8 cm starken Boden erhalten.

4. Die Bugplatten sind um 1 cm stärker zu halten als die Wandplatten.

5. Die Platten vom Hinterschiff können 1 cm geschwächt werden.

6. Soll der Schiffskörper Eisverstärkung erhalten, so müssen die Bugplatten um mindestens $^1/_2$ cm verstärkt werden. Der Beton der Bugplatten muß außerdem mindestens eine Druckfestigkeit von 300 kg/cm^2 nach 42 Tagen besitzen.

7. Die Decksplatten können 1 cm schwächer gehalten werden als die Wandplatten.

c) Eiseneinlagen in den Platten.

Sämtliche Boden- und Wandplatten müssen ein doppeltes und kreuzweises Eisengeflecht erhalten.

Die inneren tragfähigen Eiseneinlagen dürfen nicht weiter voneinander entfernt liegen, als die Stärke der Platte beträgt.

Die hierzu winkelrecht liegenden inneren Eiseneinlagen (Verteilungseisen dazu) sollen in einer Entfernung liegen, die das Doppelte der Wandstärke beträgt.

Die äußeren Eiseneinlagen sollen aus einem Geflecht von einer Maschenweite der doppelten Wandstärke bestehen.

Die Stärke der Eiseneinlagen in den Platten soll mindestens $^1/_{10}$ der Plattendicke betragen.

Also 4 cm starke Platte 4 mm starkes Eisen,
5 ,, ,, ,, 5 ,, ,, ,,
6 ,, ,, ,, 6 ,, ,, ,,

d) Abmessungen der Spanten.

a) Flußschiffe und Schiffe für den Hafenverkehr.

Die Spanten der Schiffe bis zu 150 t Tragfähigkeit sollen ca. 4 cm stark sein.

Für Flußschiffe über 150 t Tragfähigkeit sollen die Spanten mindestens 4,5 cm stark sein.

Kleine Boote und Schiffe bis 20 t Tragfähigkeit sollen 3—3,5 cm starke Spanten erhalten.

b) Seeschiffe für kleine und große Küstenfahrt.

Schiffe für kleine Küstenfahrt	sollen	5 cm	starke	Spanten	erhalten
„ „ große „	„	6 „	„	„	„
„ „ atlantische Fahrt	„	7 „	„	„	„

1. Höhe der Spanten, Stringer, Bodenwrangen und Kielschweine. Die Höhe sämtlicher Spanten, Rippen und Balken soll nach ausgeführten eisernen Schiffen bzw. nach den Vorschriften des Germanischen Lloyds für Eisenschiffbau festgelegt werden.

Die Höhe sämtlicher Rippen und Balken soll mindestens 50% mehr als im Eisenschiffbau betragen.

Falls die eisernen Spanten einen Gegenwinkel besitzen, muß die Höhe des Eisenbetonspants mindestens doppelt so groß sein als die des eisernen Spants.

2. Jeder 6. Spant soll ein Rahmenspant sein.

3. Jeder Schiffskörper soll mindestens zwei Stringer erhalten.

Schiffe	bis zu 2 m	Seitenhöhe	erhalten	2 Stringer	
„	von 2—3 „	„	„	3 „	
„	„ 3—4 „	„	„	4 „	usw.

4. Jedes Schiff soll ein Mittelkielschwein besitzen.

5. Die Anzahl der Seitenkielschweine richtet sich nach der Breite des Schiffes.

Die Entfernung der Kielschweine soll bei Schiffen bis 5 m Breite nicht über 1,25 m betragen. Diese Schiffe sollen also zusammen 3 Kielschweine erhalten. Für Schiffe von 5—9 m Breite soll die Entfernung der Kielschweine nicht über 1,50 m betragen. Für Schiffe über 9 m Breite soll diese Entfernung nicht über 2 m betragen.

6. Jedes Schiff muß vorn und hinten ein Kollisionsschott erhalten. Der Maschinenraum muß durch wasserdichte Schotten abgegrenzt werden.

Die Laderaumschotten sollen bei Schiffen für kleine Küstenfahrt nicht mehr als die dreifache Schiffsbreite entfernt liegen.

Für große Küstenfahrt sollen die Laderaumschotten nicht mehr als die doppelte Schiffsbreite entfernt liegen.

Schiffe für atlantische Fahrt müssen so dichte Schottenteilung besitzen, daß dieselben unsinkbar sind.

Vorstehende Angaben verstehen sich nur für Frachtschiffe. Passagierschiffe für große und kleine Küstenfahrt sowie für atlantische Fahrt müssen sämtlich unsinkbar konstruiert werden.

e) **Belastungsannahme in der statischen Berechnung.**

1. Boden- und Wandplatten. Die Boden- und Wandplatten müssen auf Wasserdruck berechnet werden. Die Höhe der Wassersäule ist mit 50% Aufschlag in Rechnung zu stellen.

2. Decksplatten und Decksbalken sind für Flußschiffe mit 500 kg/qm + 100% für Stöße und Erschütterungen zu berechnen.

Für Seeschiffe muß das Deck für eine Belastung von 1000 kg/qm + 100% für Erschütterungen konstruiert werden.

3. Sollen Schiffe Deckslasten tragen können, die größer sind als 1000 kg/qm, so muß das Deck entsprechend der Belastung konstruiert und berechnet werden.

4. Um auch Stoßkräfte aufnehmen zu können, müssen die Wandplatten, Spanten und Stringer bei Flußschiffen 5 t pro Quadratmeter bei normalen Spannungen aufnehmen können. Die Bodenrippen müssen für 7,5 t pro Quadratmeter berechnet werden.

Schiffe für kleine Küstenfahrt sollen 7,5 t/qm in den Wänden und 10 t/qm vom Boden aufnehmen können, Schiffe für große Küstenfahrt 10 t/qm bzw. 15 t/qm, Schiffe für atlantische Fahrt 15 t/qm bzw. 20 t/qm.

Für die Spannungen über der Stütze sind bis zu 50% höhere Spannungen zulässig.

Die Berechnung der Momente kann näherungsweise mit $+M = \frac{p \cdot l^2}{18}$ für die Feldmitte und $-M = \frac{p \cdot l^2}{12}$ für das Moment über der Stütze erfolgen.

5. Berechnung des Längsverbandes der Schiffe. Der Längsverband des Schiffes wird bestimmt, wenn das Schiff auf einem Wellenberg oder in einem Wellental liegt. Das daraus errechnete Moment soll einen Zuschlag von 20% erhalten, oder die Spannungen des Eisens müssen entsprechend geringer gehalten werden.

Bei Flußschiffen (lange Schleppkähne) wird der Längsverband durch die Ladedifferenz von 25% bestimmt.

6. Schiffe über 150 t Tragfähigkeit müssen zur Aufnahme von Scherkräften nach zwei Richtungen schräge Wandeisen, in Form eines Geflechtes, mit einer Maschenweite wie die Dicke der Außenhaut erhalten. Die Eiseneinlagen sollen $^1/_{10}$ der Wandstärke als Durchmesser besitzen. Das schräge Geflecht soll zu beiden Seiten $^1/_6$ der Schiffslänge vollmaschig vorhanden sein und darf von da ab immer größer werdende Maschenweite besitzen.

7. Seeschiffe über 500 t Tragfähigkeit mit Maschinenanlage und Schiffe über 1000 t Tragfähigkeit ohne Maschinenanlage müssen massiven Doppelboden erhalten.

8. Für Schiffe, welche ein reines Längsspantensystem besitzen, können sämtliche Leitsätze nur dann Anwendung finden, wenn es sich mit diesem System vereinbaren läßt. Die Längsspanten dürfen nicht weiter entfernt liegen als die entsprechenden Querspanten. Das Längsspantensystem muß eine dichte Schottenteilung oder dicht angeordnete starke Rahmenspanten besitzen.

GPSR Compliance

The European Union's (EU) General Product Safety Regulation (GPSR) is a set of rules that requires consumer products to be safe and our obligations to ensure this.

If you have any concerns about our products, you can contact us on ProductSafety@springernature.com

In case Publisher is established outside the EU, the EU authorized representative is:

Springer Nature Customer Service Center GmbH
Europaplatz 3
69115 Heidelberg, Germany

Batch number: 10683525

Printed by Printforce, the Netherlands